民机驾驶舱人机工效设计与评估

薛红军　张晓燕　著

西北工業大學出版社

【内容简介】 本书通过对飞机驾驶舱人机工效研究涉及的人(飞行员)、机(驾驶舱的布局等)、环境(驾驶舱的微环境)等三个方面进行深入的阐述与分析,将"以人为中心"的设计理念量化或定性表述成工程人员进行驾驶舱人机工效设计时能够依据的设计准则、设计方法以及评估方法,给出了驾驶舱人机工效从设计到评估的一套完整的方法体系。

本书可供航空类专业的研究生、教师以及从事飞行器设计和研究的相关人员参考使用。

图书在版编目(CIP)数据

民机驾驶舱人机工效设计与评估/薛红军,张晓燕著.—西安:西北工业大学出版社,2014.3

ISBN 978-7-5612-3940-7

Ⅰ.民… Ⅱ.①薛… ②张… Ⅲ.①民用飞机—座舱—工效学—设计 ②民用飞机—座舱—工效学—评估 Ⅳ.①V223

中国版本图书馆 CIP 数据核字(2014)第 047407 号

出版发行:西北工业大学出版社
通信地址:西安市友谊西路 127 号　　邮编:710072
电　　话:(029)88493844　88491757
网　　址:www.nwpup.com
印 刷 者:陕西向阳印务有限公司
开　　本:727 mm×960 mm　　1/16
印　　张:11.625
字　　数:204 千字
版　　次:2014 年 9 月第 1 版　　2014 年 9 月第 1 次印刷
定　　价:38.00 元

前　言

民用飞机和飞行员一起构成了和谐的人机系统，承担着安全、快速输送旅客和运输货物的任务。在输送旅客和运输货物的过程中，这个人机系统充分展示出飞行员作为智能体的操纵能力和飞机作为高科技产品的安全、快速的输送转场能力。飞机-飞行员智能人机系统要和谐工作，必须各取所长，充分发挥人的主观能动性和飞机的便捷可控性，从而顺利实现飞机起飞、巡航、着陆及滑行，实现安全、快速地输送旅客和运输货物的目标。

随着科技的不断进步，飞机本体系统的安全性不断得到提高，但是由于人的因素导致的飞行安全事故却没有明显改善。统计数据表明，近年来飞机飞行安全事故的75%以上都是由人的因素导致的，而这其中一大部分是由飞行员与飞机的信息交互不畅导致的，包括飞行员认读失误、判断失误、操纵失误以及驾驶舱设备布局不合理导致的信息丢失、操纵错误、操纵干涉等。这些导致飞行事故的原因，本质上反映了飞机驾驶舱人机工效的潜在缺陷，表明驾驶舱设计未能很好地把握人机交互的本质规律，使得在复杂的运行环境中，在某一特定条件下，激发了潜在缺陷，人机偏离了交互规律，最终导致了飞行事故的发生。

飞机和飞行员是两种性质迥异的系统，要实现这两种系统的和谐工作，必须要有一个良好的人机信息交互界面，在这个界面上飞行员可以快速、准确地获取飞机的各种状态信息并且实现对飞机的实时操纵，飞机要能及时接收飞行员的操纵指令并且实时反馈飞机的当前状态，这种驾驶舱中的人机信息交互能力就是驾驶舱的人机工效。不论是民用飞机还是军用飞机，良好的飞机驾驶舱的人机工效设计水平，都是飞机飞行安全和成功完成任务的重要保证。

航空航天工业水平是一个国家现代化综合国力水平的重要体现，我国在《国家中长期科学和技术发展规划纲要(2006—2020年)》中把大型飞机规划为重大专项，是建设创新型国家和新时期改革开放的标志性工程。发展大型民用飞机对我国经济建设、社会可持续发展、国家公共安全和科技发展具有重要意义。与民用飞机发达国家相比，发展我国的大型民用飞机面临很多困难，因此要实现民机的跨越式发展，既要有公认的先进性，更要有鲜明的特色性，具有自己的知识产权，这些特征也集中反映在驾驶舱人机工效的设计上。过去由于我国民用飞机发展较少，民机驾驶舱人机工效的研究几乎处于空白，军用飞机的人机工效与民用飞机的需求差异很大，只能部分借鉴，相关的实验和设计数据仅限于军用飞机的飞行员人体几何测量数据，专门的针对民用飞机飞行员的认知实验数据和设计数据也几乎空白；同时，由于人种的差异，国外民机设计中积累的飞行员生理和心理数据，不能完全照搬照抄，与整个民机项目面临的困难一样，民机驾驶舱人机工效的设计既没有一套完整的可遵循和可操作的设计准则和设计方法，也没有一套完整的可借鉴的设计思路和设计经验。

飞机驾驶舱人机工效本质上是解决飞行员和飞机之间的人机融合问题，是提高人机系统性能的重要环节。驾驶舱人机工效不仅涉及设计准则和设计方法，更重要的是要解决设计理念问题。以民用飞机两大巨头——波音和空客——为例，它们在民机驾驶舱的设计中，为了提高人机工效水平，都确定了“以人为中心”的设计理念，但却给出了不同的理解，波音强调人的主观能动性，而空客强调飞机系统的可靠性，这种不同的理解导致了驾驶舱人机工效的设计出现了很大的差异，特别是应急情况下的处置权问题等。大量的飞行实践表明，基于这两种理解的设计理念所设计的驾驶舱，尽管明显地改善了驾驶舱人机工效水平，保证了飞行安全，但仍然有大量的飞行安全事故。为了提高我国的民机安全水平，就迫切需要一种更完善的“以人为中心”的设计理念，通过借鉴波音和空客的理念，发展出一种基于飞行员特性的人机功能合理分配的设计理念，并在此基础上，结合安全科学、环境科学、生物学、心理学、信息论、控制论、飞行力学、计算机数字仿真等领域交叉学科的综合研究，建立易于理解的驾驶舱人机工效设计准则，完善可操作的驾驶舱人机工效设计方法，开发可用于工程实际的驾驶舱人机工效设计工具，以便于推进驾驶舱人机工效的设计理论、设计体系和设计方法的工程转化。同时，由于人机工效贯穿于产品的始终，涉及产品的方方面面，帮助设计人员树立正确的设计理念，使之理解设计准则、掌握设计方法、使用设计工具是保证产品最终获得满意的人机工效水平的必经之路和重要保证。

自从 2008 年国内启动大型民机研制工作以来，在国家科学技术部和工业和信息化部的支持下，在中国商用飞机有限责任公司上海飞机设计研究院的通力协调和国内相关研究单位的大力配合下，民机驾驶舱人机工效研究已经取得了很大的进步。西北工业大学、北京航空航天大学、南京航空航天大学、中国民航大学等高校在驾驶舱人机工效设计理论、设计方法体系和仿真评估理论与方法等方面进行了有效的探索，很多研究成果已经成功地应用到支线客机 ARJ21 和大型民机 C919 的驾驶舱设计中，部分地改善和提高了驾驶舱的人机工效水平，改变了驾驶舱人机工效的设计无所适从的局面。但是，这些研究成果距离国际先进水平的驾驶舱人机工效设计要求还有较大的差距和不足，国内甚至还没有一本系统介绍驾驶舱人机工效设计的教科书或者论著。

本书是笔者结合国家重大基础研究973项目课题和工信部十二五专项以及多个科研院所多项驾驶舱人机工效相关的研究成果，试图系统地介绍民机驾驶舱人机工效的设计准则、设计方法和仿真评估的方法等内容，通过对驾驶舱人机工效研究涉及的人（飞行员）、机（驾驶舱的布局等）、环境（驾驶舱的微环境）等三个方面进行系统、深入的阐述与分析，将"以人为中心"的设计理念量化或定性表达为设计人员可遵循的设计理论、设计准则以及评估方法，是驾驶舱人机工效从设计到评估的一套完整的方法体系，希望本书能起到抛砖引玉的作用，对我国民机驾驶舱人机工效的发展起到一定的推动作用。

本书的第1章主要讲述驾驶舱人机工效设计与评估的基本概念以及驾驶舱人机工效设计的发展历程；第2章主要从飞行员的认知特性、操纵特性以及失误等特性出发，阐述"以人为中心"的设计中"人"的特性，作为驾驶舱人机工效设计与评估的出发点与依据；第3章主要分析驾驶舱设备的功能、环境的特点及其对飞行员的影响；第4章从驾驶舱设计的角度结合飞行员以及驾驶舱环境的特点，给出驾驶舱人机工效设计的相关准则与方法，包括驾驶舱的布局设计、显控系统设计、座椅设计等；第5章给出驾驶舱人机工效的评估方法和评估指标。第6章介绍了未来民机驾驶舱人机工效设计相关的新概念、新技术及需要开展研究的新领域和新方向。

本书的相关内容得到了国家重点基础研究计划（973计划，编号：2010CB734101）和十二五民用飞机专项科研项目的支持。本书在写作的过程中得到了上海飞机设计研究院副院长、科技委主任、973项目首席科学家陈迎春常务副总师的大力支持，在此特别表示感谢！

同时感谢相关科研院所的科研和设计人员在项目合作中的讨论与建议，包括中航工业第一飞机设计研究院、上海飞机设计研究院、成都飞机设计研究所、西安飞机工业（集团）有限责任公司、中国飞行试验研究院、中航工业航宇救生装备有限公司、洪都航空工业有限责任公司等，他们对本书的立题、内容安排、探讨重点给予了很大的启示。

希望本书的出版能够为推动我国民机驾驶舱人机工效设计与评估的研究及发展做出力所能及的贡献。

由于水平有限，不足之处在所难免，恳请广大读者批评指正！

著　者

2014年3月

目　录

第1章　绪　　论

1.1　基本概念

工效学是研究人在某种工作环境中的解剖学、生理学和心理学等方面的各种因素；研究人和机器及环境的相互作用；研究在工作中、家庭生活中和休假时怎样统一考虑工作效率、人的健康、安全和舒适等问题的学科。由于该学科研究和应用的范围极其广泛，它所涉及的各学科、各领域的专家、学者都试图从自身的角度来给本学科命名和下定义，因而世界各国对本学科的命名不尽相同，即使是同一个国家，对本学科名称的提法也很不统一，甚至有很大差别。该学科在美国称为human engineering（人类工程学）或 human factors engineering（人的因素工程学），欧洲国家多称为 ergonomics（工效学），而其他国家大多引用欧洲的名称，日本称为人间工学。工效学在我国起步较晚，目前该学科在国内的名称尚未统一，除普遍采用人机工程学名称外，常见的名称还有人-机-环境系统工程、人体工程学、人类工效学、人类工程学、工程心理学、宜人学、人的因素等。

尽管“human factors”和“ergonomics”经常被认为是可以互为替代的表达，但是在科学研究中也有各自的偏重。“human factors”更加关注提高机器的工作效率或是改进人的健康、安全等方面的问题；而“ergonomics”则更加关注设备、操作和系统对用户的影响，主要包括任务需求以及振动、噪声等环境问题。本书主要是以保障民机飞行安全性为前提，探索提高飞行员-驾驶舱-微环境这一人机系统性能的设计和评估方法，因此本书采用“工效学（ergonomics）”这一说法。

飞机驾驶舱是飞行员获取飞行信息、控制飞机完成飞行任务的工作场所，是人机交互的节点。与其他人机系统的设计一样，飞机驾驶舱设计是一个复杂的设计过程，驾驶舱里涉及多种不同类型的作业和人机交互活动。飞机驾驶舱工效学设计就是结合人（飞行员）的生理和心理因素，根据飞机的总体指标去规划并协调飞机的操纵、控制（人工/自动）、通信和导航等机载系统设备的布局和布置，使飞行员在舒适的状态下，迅速、准确地获取各种反映飞机工况的视觉、听觉和触觉信号，并按需做出正确无误的操纵和发出控制指令，以完成飞行任务。

驾驶舱符合工效学设计，才能达到人机匹配，提高飞行员的情景意识，降低其工作负荷，从而使飞行员安全、高效、舒适地完成驾驶任务。

另外，对飞机驾驶舱人机工效进行评价也至关重要，在评价过程中能够系统地评价驾驶舱与现有标准和准则的符合情况，其目的是确保驾驶舱中没有与标准/准则不符的问题存在，这些问题会对驾驶过程中的操作工效、人身健康和安全造成不利影响。将评估结果与设计反复迭代，最终设计出符合工效学要求的驾驶舱。

目前驾驶舱工效学的主要研究方法有以下几种：

1)实测法，主要指人体尺寸的实测法、心理实测法等；

2)实验法，当实测法受到限制时，可采用实验的方法，是指在实验室或其他实验条件下，对实验的边界条件进行控制，以引起研究对象相应变化来做出因果推论和变化预测的一种方法；

3)分析法，一般是在前两种方法的基础上进行的，对上述数据进行分析后得出研究规律；

4)调查研究法，主要是通过采取问卷调查、访问等方式得到使用对象的主观意见和建议；

5)计算机仿真法，由于人机系统中的操作者是具有主观意志的有机生命体，采用传统的方法往往会受到很多限制，不能获得更为充分、有效的数据，因此研究者可以在计算机上利用系统的数学模型进行仿真性研究；

6)图示模拟和模型试验法，是指运用图形对系统进行描述，直观反映各要素之间的关系，从而揭示系统本质及其内在联系的一种方法，例如在模拟器上进行飞行试验；

7)感觉评价法，是运用人体主观感受对系统的性质、质量等特征进行判断和评价，如对内饰、光环境等与人的主观感受直接相关的项目即可采取此种方法。

1.2 民机驾驶舱人机工效的发展历程

人类使用简单劳动工具时，客观上就存在人、机、环境三者的最优组合问题。在我国2000多年前的《冬官考工记》中，就有按人体尺寸设计工具和车辆的论述。这就是当今人机工程中人、工具、机器设计中的“机器适应人”(machine to human)的思想。现代人机工效的发展经历了3个阶段，经验人机工效、科学人机工效以及现代人机工效。

第一次产业革命(1750—1890年)和第二次产业革命(1870—1945年)时期，人类的劳动进入了机器时代，人的劳动作业在复杂程度及负荷量上均有了很大变化，人、机、环境三者也相应形成了很复杂的关系。人们可用近代科学研究手段研究人机工效问题。20世纪初，美国学者F. W. Taylor用近代科学技术方法，对生产领域中工作能力和效率进行了研究。他的研究成果在美国和欧洲得到了推广应用，成为可提高劳动生产率的“泰勒制”。F. W. Taylor为科学方法研究人机工程做出了开拓性贡献。后来，人们开始对人、机、环境三者之间的关系进行较系统的试验研究，并积累了大量数据。

第二次世界大战期间，各种新武器不断出现，相关的人机工效问题的研究及解决显得更为迫切。第一次世界大战中，各参战国几乎都有心理学家去解决战时兵种分工、特种人员的选拔训练及军工生产中的疲劳等问题。其研究特点是选拔和训练人，是“人适应机器”(human to machine)的设计思想。在二次世界大战期间，武器装备的性能大大提高，但由于其设计时没有充分考虑人机工效问题，使武器装备的效能得不到充分发挥，常有差错和事故发生。这些使人们认识到，人机工效是武器装备设计不可忽视的重要问题。到了20世纪50年代，电子计算机应用迅速发展；60年代，载人航天活动取得了突破性进展。这一切使得人、机、环境相互关系的研究显得更为迫切，人们开始重视工业与工程设计中“人的因素”，力求使机器适应人。

现代的人机工效学将人-机-环境系统当做一个统一的整体来研究，以创造最适合人操作的机械设备和作业环境，使人-机-环境系统相协调，从而获得系统的最高综合效能。

飞机驾驶舱的发展历程与人机工效的发展历程息息相关。

飞机驾驶舱的发展历程大致可分为两个阶段(见表1-1)。20世纪70年代以前沿着从简单到复杂的道路发展，驾驶舱内的各类仪表和开关不断增多，且渐趋饱和；70年代末期开始，随着航空电子技术的不断发展，又开始由复杂趋向简明；进入90年代，玻璃驾驶舱达到全盛时期，目前仍在继续扩大成果；世纪之交，驾驶舱向工作站方式推进，反映了航空电子和显示技术上的进步。图1-1所示为波音系列飞机驾驶舱的发展历程。

20世纪70年代以前，驾驶舱设备从全机械仪表、手柄开关发展成为较复杂的机电仪表、灯光音响信号和旋钮。这一阶段的飞机驾驶舱布局缺点一方面在于传达给飞行员的信息有限，缺乏综合信息；另一方面控制能力有限，大部分都是分散控制和开环控制，缺乏自动化的闭环控制和综合控制。其布局特点是使用“表”和“操作开关”向飞行机组人员传达和交互信息，先由系统(表)提供原始数据给飞行机组人员，然后由飞行机组人员整合数据，变成机组人员可用的关于飞机、环境和任务等有关的信息，该信息获取的方式是机组人员基于当前的工作或任务，由机组人员通过眼睛、耳朵或触觉等获取数据或感知飞机态势。主要反映人机工效水平的设计，即空间、灯光、环境（振动、噪声）、可达性、易达性等。

表 1-1　驾驶舱发展历程及代表机型

按时间阶段划分和对应的典型飞机和驾驶舱		
时间阶段	驾驶舱及其设备	年份和典型飞机
早期的驾驶舱从简单到复杂	机电式驾驶舱 以机电设备为主	20 世纪 40—60 年代： C46，C47，DC-4
	模拟电子驾驶舱机电+模拟电子设备（ARINC-400/500 系列规范）	20 世纪 60—80 年代： 子爵，三叉戟，三星 L-1011，大力神 C-130，VC-10，DC-9，MD-80，MD-82，B-707，B-727，早期 B-737 和 B-747，A-300，A-310，伊尔-18，伊尔-62，伊尔-96，安-24，安-26，图-114，图-154，图-204，运七，运八，运十
近期的驾驶舱从复杂到简便	玻璃驾驶舱 数字电子设备（ARINC-600/700 系列规范）	20 世纪 80—90 年代： 后期 B-737 和 B-747，B-757，B-767，MD-90，MD-11，A-319，A-320，A-321，A-330，A-340，伊尔-96M，图-204-120，图-224，图-334，雅克-242
	工作站驾驶舱综合模块电子设备	20 世纪 90 年代起到 21 世纪： 从 B-777 开始

图 1-1　波音系列飞机驾驶舱的发展历程

20 世纪 70 年代末期开始，随着航空电子技术的不断发展，驾驶舱布局又开始由复杂趋向简明。集成电路和微处理器的普及应用，CRT 开始进入驾驶舱，出现了利用 CRT 的电子姿态指引仪（EADI）和电子水平状态指示器（EHSI），并组成为综合的电子飞行仪表系统（EFIS）。这场驾驶舱的巨大变革，其主要特征为从指示到显示、从复杂到简明。其特色可概括为，显示技术应用、信息综合利用、自动控制升级、实现综合管理、实现双乘制。

进入20世纪90年代，玻璃驾驶舱达到全盛时期，目前仍在继续扩大成果。进入21世纪，驾驶舱向工作站方式推进，主要表现在：显示器件平板化、继续发展固态传感器、扩展信息源和信息综合的深度和广度、从话音到数据通信、卫星技术应用、开放系统结构、鼠标控制器的应用、发展共同性机型系列、玻璃驾驶舱的普及。这其中值得一提的是波音777飞机。在波音777飞机的新型驾驶舱中采用了鼠标控制的输入方式，借此把计算机操作环境全面搬进了飞机驾驶舱。波音777飞机驾驶舱在照明设计、遮光罩设计、色彩的选用、美学和耐久性设计、飞行员安全保护及减少疲劳、间隙填充和流线型设计等方面都令人赏心悦目，是一架成功应用人机工效方法设计的飞机驾驶舱，值得借鉴。此外，近期研制的空客A380飞机的驾驶舱更是体现了以人为本的指导思想，采用了大量人机工效研究方面取得的新成果，取得了良好的效果。

在飞机驾驶舱设计方面，国内对人、机、环境诸要素开始研究始于20世纪80年代后期，其中驾驶舱几何设计、仪表及照明工程心理学等方面研究较快，已取得大量技术成果和经验，并应用到型号设计中。而航空电子技术、智能技术、生物力学、信息控制技术及新环境下的工效研究落后于西方国家。目前，国内相关研究单位在飞机驾驶舱人机工效领域的研究也取得了一定的进展，西北工业大学、北京航空航天大学等高校在驾驶舱人机工效设计、仿真与评估理论方面进行了有效的探索，上海飞机设计研究院等在支线客机ARJ21飞机驾驶舱的设计中已部分采用了人机工效的成果并积累了一定的经验，探索并研究了相关的理论基础，目前在大客C919驾驶舱的设计中正在探索和发展急需的驾驶舱人机工效设计关键技术。

由此可以看出，随着驾驶舱的发展，驾驶舱的人机工效要求在不断提高，可以说，驾驶舱以飞行员为中心的设计理念越来越多地被重视起来，驾驶舱人机工效水平的高低就是驾驶舱设计和布置是否先进的体现。

人为因素在航空安全中的应用始于20世纪70年代，其研究也经历了两个阶段：20世纪70年代初到80年代后期，对人为因素的研究主要是基于“技术驱动”，将人机工效学作为研究的理论基础，改善飞机、驾驶舱及各部件的设计，使之达到人机匹配；20世纪80年代后期，人们认识到人为因素已经成为飞行事故的主要原因，并将人为因素的研究扩展到人与一切资源的搭配利用，其中最著名的就是机组资源管理(CRM)。20世纪90年代以来，人为因素研究已经发展到系统安全的阶段，其中主要标志就是Reason模型的应用及其成果，以及Reason教授提出的组织因素理论。

1.3 人机工效学的理论体系

人机工效学在我国也称为人-机-环境系统工程，是一门综合性边缘技术科学，为了形成其本身的理论体系，它从一系列基础学科中汲取了丰富营养，并奠定了自身的基础理论。人-机-环境系统工程的3个主要基础理论为控制论、模型论和优化论。

1.3.1 控制论

控制论对人-机-环境系统工程的根本贡献在于，它用系统、信息、反馈等一般概念和术语，打破了有生命与无生命的界限，使人们能用统一的观点和尺度来研究人、机、环境这3个物质属性本是截然不同、互不相关的对象，并使其成为一个密不可分的有机整体。控制论与下面介绍的模型论、优化论是密不可分的。在控制系统的分析研究中，总是通过使用数学模型这个工具，用建立系统模型方法来进行系统的分析、设计、试验。

在现代控制理论中最优控制系统的设计，是通过建立一定的优化目标函数，使其达到最小或最大。在最优化方法中，实际上也是使用各种各样的优化模型。因此，最优化方法也要采用建模的方法，只不过它不是系统的物理化学过程或特性模型，而是各式各样的目标与约束条件模型。图1-2是一般的控制系统概念结构图。

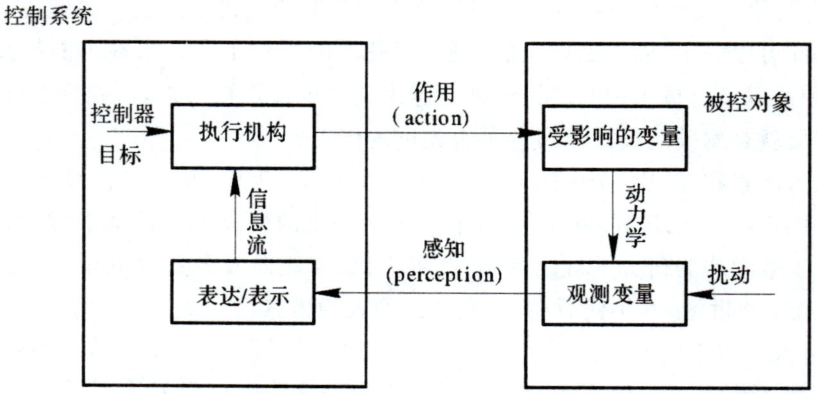

图1-2　一般的控制系统概念结构图

现代控制理论主要研究以状态空间法为基础的系统分析、最优控制、最优状态估值、最优自适应控制、系统识别与参数估计、自学习与自组织系统等。下面只对与人机工效相关的一些基本概念做些介绍。

1. 状态空间法

为了确定系统的最优控制规律即人机工效的最佳状态，首先要知道被控对象的动态特性。在现代控制理论中，动态系统特性（系统动力学）的数学描述采用状态空间法。一个动态系统可以用图 1-3 来表示。状态空间法深入到动态系统的内部，描述被控系统控制输入 $\boldsymbol{U}(t)$、状态 $\boldsymbol{X}(t)$ 和输出 $\boldsymbol{Y}(t)$ 之间的关系。动态系统被分成性质不同但又相互紧密联系的两部分：系统动力学部分与测量部分。前者反映了控制输入 $\boldsymbol{U}(t)$ 与系统状态 $\boldsymbol{X}(t)$ 之间的相互关系，它用微分方程来描述；后者反映了系统状态 $\boldsymbol{X}(t)$ 与输出 $\boldsymbol{Y}(t)$ 之间的相互关系，它用代数方程来描述。

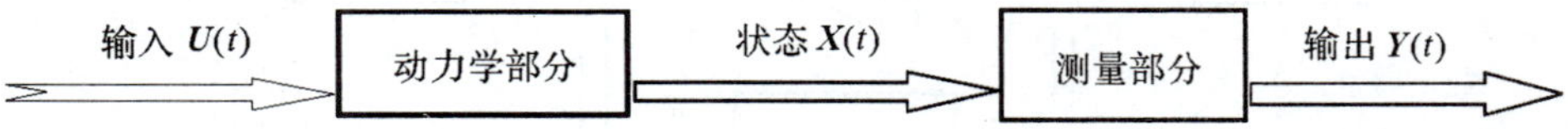

图 1-3　一般动态系统

这时，动态系统状态 $\boldsymbol{X}(t)$ 是由一组 n 个状态变量 $x_1(t), x_2(t), \cdots, x_n(t)$ 组成的，全面确定动态系统运动状况的最少数目的一组 n 维向量，$\boldsymbol{X}(t) = [x_1(t)\ x_2(t)\ \cdots\ x_n(t)]^{\mathrm{T}}$，并称之为系统状态向量。状态向量所张成的 n 维向量空间，称为状态空间，n 称为系统的维数或阶数。系统的控制输入 $\boldsymbol{U}(t)$ 是由 r 个输入变量 $[u_1(t)\ u_2(t)\ \cdots\ u_r(t)]$ 组成的 r 维向量，$\boldsymbol{U}(t) = [u_1(t)\ u_2(t)\ \cdots\ u_r(t)]^{\mathrm{T}}$，称为 r 维输入向量，它表示加到该系统上的外部作用或影响。系统的输出 $\boldsymbol{Y}(t)$ 是由 m 个输出变量 $[y_1(t)\ \ y_2(t)\ \ \cdots\ \ y_m(t)]$ 组成的 m 维向量，$\boldsymbol{Y}(t) = [y_1(t)\ y_2(t)\ \cdots\ y_m(t)]^{\mathrm{T}}$，称为 m 维输出向量，它是体现控制目的的量，是可以测量的外部变量。

一个动态系统，根据其实际构造，借助于物理、化学或其他学科的定律，可以得到系统的状态方程与输出方程。系统在 $t \geqslant t_0$ 时的状态 $\boldsymbol{X}(t)$ 是由 t_0 到 t 这段时间的输入 $\boldsymbol{U}(t_0, t)$ 唯一确定的。

一般的非线性时变动态系统可用状态变量形式的一个微分方程和一个测量方程来描述：

$$\left.\begin{aligned} \dot{\boldsymbol{X}}(t) &= \boldsymbol{F}[\boldsymbol{X}(t_0), \boldsymbol{U}(t), t] \\ \boldsymbol{Y}(t) &= \boldsymbol{H}[\boldsymbol{X}(t_0), \boldsymbol{U}(t), t] \end{aligned}\right\} \tag{1-1}$$

式中，$\boldsymbol{F}[\cdot]$ 和 $\boldsymbol{H}[\cdot]$ 是状态 $\boldsymbol{X}(t)$ 与控制输入 $\boldsymbol{U}(t)$ 的向量值函数。

若动态系统是线性时变系统，则方程变为

$$\left.\begin{aligned}\dot{\boldsymbol{X}}(t)&=\boldsymbol{A}(t)\boldsymbol{X}(t_0)+\boldsymbol{B}(t)\boldsymbol{U}(t)\\ \boldsymbol{Y}(t)&=\boldsymbol{C}(t)\boldsymbol{X}(t_0)+\boldsymbol{D}(t)\boldsymbol{U}(t)\end{aligned}\right\}\tag{1-2}$$

式中，$\boldsymbol{X}(t)$ 是 n 维状态向量；$\boldsymbol{U}(t)$ 是 r 维输入（或控制）向量；$\boldsymbol{Y}(t)$ 是 m 维输出（或测量）向量；$\boldsymbol{A}(t)$ 是 $n\times n$ 阶的状态矩阵；$\boldsymbol{B}(t)$ 是 $n\times r$ 阶的输入（或控制）矩阵；$\boldsymbol{C}(t)$ 是 $m\times n$ 阶的输出（或测量）矩阵；$\boldsymbol{D}(t)$ 是 $m\times r$ 阶的传递（或输入 / 输出）矩阵。线性系统的结构图如图 1-4 所示。

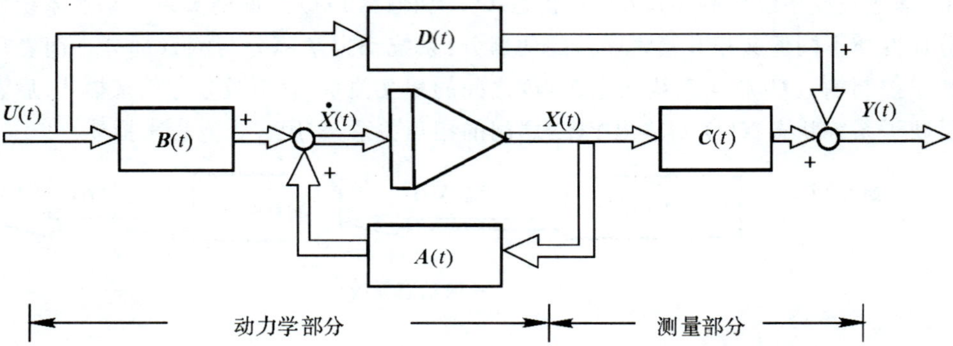

图 1-4　线性系统结构图

若是线性时不变系统，则 $\boldsymbol{A},\boldsymbol{B},\boldsymbol{C},\boldsymbol{D}$ 均是常数矩阵，式(1-2) 变为

$$\left.\begin{aligned}\dot{\boldsymbol{X}}(t)&=\boldsymbol{AX}(t)+\boldsymbol{BU}(t)\\ \boldsymbol{Y}(t)&=\boldsymbol{CX}(t)+\boldsymbol{DU}(t)\end{aligned}\right\}\tag{1-3}$$

2. 线性系统可控性、可观测性

在最优控制与最优估值中，线性系统的可控性与可观测性非常重要。在设计一个最优控制系统或最优估值器之前，必须知道系统是否可控和可观测。如果一个系统不是完全可控的，也就是说系统的控制输入不足以控制和影响系统内部状态的变化，则系统的最优控制问题的解往往是不存在的。同样，若一个系统不是完全可观测的，即一个系统的输出不足以充分反映系统内部状态的变化，则不存在系统状态最优估值问题的解。

3. 最优控制

所谓最优控制，就是在给定的约束条件下，寻求一种控制（或决策），使系统的某种性能指标具有最优值（在数学上有最小或最大值）。值得注意的是，最优控制的“最优”一词指的仅是系统中某一性能指标最优，而不是系统的任何性能指标都是最优的。例如，对飞行器的控制系统来说，有可能要求燃料消耗最少，也可能是要求交汇对接过程时间最短，还可能是要求着陆点精度最高，等等。也就是说，根据系统的不同要求，提出系统不同的性能指标。性能指标是衡量与设计最优控制系统的依据与标准。

在数学上，一个系统最优控制问题可用如下的形式来表达。设系统的状态方程为

$$\dot{\boldsymbol{X}}(t)=\boldsymbol{F}\{\boldsymbol{X}(t),\boldsymbol{U}(t),t\} \tag{1-4}$$

式中，$\boldsymbol{X}(t)$ 为 n 维状态向量；$\boldsymbol{U}(t)$ 为 r 维控制向量，$\boldsymbol{F}\{\cdot\}$ 为 n 维向量函数。若给定的初始状态为

$$\boldsymbol{X}(t_0)=\boldsymbol{X}_0$$

则系统的性能指标函数一般如下：

$$J=\int_{t_0}^{t_f}G\{\boldsymbol{X}(t),\boldsymbol{U}(t),t\}\,\mathrm{d}t \tag{1-5}$$

式中，t_0 为系统初始控制时刻，t_f 为系统终了控制时刻；$G\{\cdot\}$ 为标量函数，$G[\boldsymbol{X}(t),\boldsymbol{U}(t),t]=\boldsymbol{G}[x_1(t)\ x_2(t)\ \cdots\ x_n(t)\ u_1(t)\ u_2(t)\ \cdots\ u_r(t)\ t]$。

显然，性能指标函数 J 亦为标量函数，是一个泛函。

因此，从数学上看，最优控制系统的设计就是选择最优控制 $\boldsymbol{U}(t)$，使其性能指标 J 为最优，也就是说，最优控制问题在数学上就归结为求泛函的极值问题。解最优控制问题的数学方法有变分法、极值原理和动态规划等。需要进一步了解的读者可以参考相关文献。

最优控制可以采用开环控制与闭环控制两种控制方式，其控制结构图如图 1-5 所示。从图中可以看出，开环最优控制系统，其控制策略 $\boldsymbol{U}^*(t)$ 只与系统的输入信号 $\boldsymbol{R}(t)$ 和初始状态 $\boldsymbol{Y}(t_0)$ 有关，即

$$\boldsymbol{U}^*(t)=\boldsymbol{U}^*[\boldsymbol{Y}(t_0),\boldsymbol{R}(t),t]$$

而闭环控制系统的 $\boldsymbol{U}^*(t)$ 与系统的输入信号 $\boldsymbol{R}(t)$ 和系统的实时状态 $\boldsymbol{Y}(t)$ 有关，即

$$\boldsymbol{U}^*(t)=\boldsymbol{U}^*[\boldsymbol{Y}(t),\boldsymbol{R}(t),t]$$

因此，闭环最优控制系统可以在任何扰动情况下实现最优控制，而开环控制系统一旦出现扰动，则最优控制便被破坏。

4. 自适应、自学习和自组织控制

当系统的特性随时间和外部环境变化而变化，或系统的工作条件发生不确定性变化时，显然，只有改变系统的参数或控制策略，才能使系统达到原定的最优控制目标。自适应控制系统就是模仿生物体具有适应环境变化的能力，它通过不断获得系统本身的工作情况以及环境条件变化的信息，用相应的系统调整自己的参数或改变控制策略的办法，使系统某指标始终保持最优的性能。

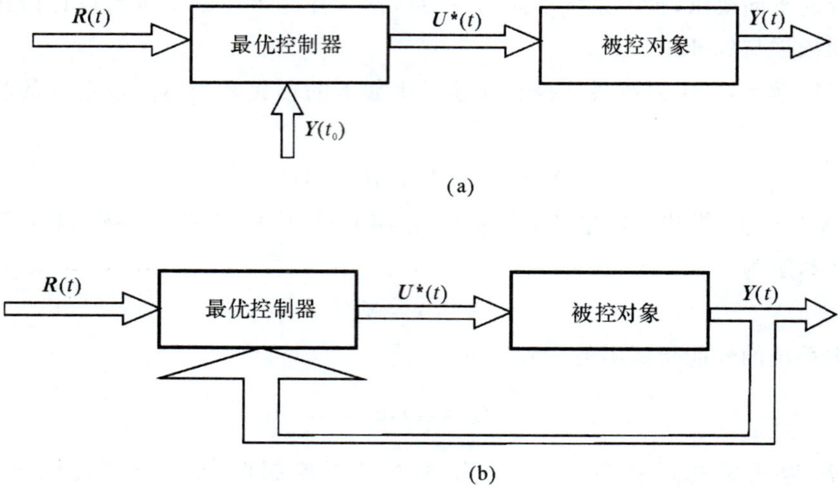

图 1-5　最优控制系统结构图

(a) 开环最优控制系统结构图；(b) 闭环最优控制系统结构图

因此，一个自适应控制系统必须有 3 种功能：一是具有系统识别与参数估计的能力，即能自动测量、分析被控对象或环境的特性和辨识被控对象的动态特性；二是在辨识的基础上，能根据系统设计目标做出决策；三是在决策的基础上，能自动改变系统的参数或控制策略，以达到要求的性能指标。

自学习控制是更高级形式的自适应控制，它具有辨识、决策、一定的学习和积累"经验"的能力。这种控制系统能根据自己运行过程中学习和积累的"经验"，修正和改进算法，决定最优控制方案，实现性能指标的最优控制。

自组织控制是指一些系统不能完全确定其控制环境和对象，也不能确知其控制规律、算法和条件，但它能通过其自身的运转，经过学习和逐步积累的"经验"，改变其自身的组织结构，实现其控制目标。具有自组织控制的系统称为自组织系统。自繁殖系统、自修复系统也属于自组织系统。高等动物都具有自组织的特性。20 世纪 70 年代以来，耗散结构理论、协同理论和超循环理论对自组织系统的发展有重大作用。

值得强调的是，控制论作为人-机-环境系统工程的一个主要技术方法，主要用于处理或回答不同系统层次上的各种控制问题。但是，当用控制论方法来分析和研究人-机-环境系统时，决不能将一般控制系统中的控制器 C 由人操作者做简单的替代。这是因为，人不仅是一个有意识活动的、极为复杂的开放巨系统，而且人的行为具有时变性、非线性、随机性等特点。此外，人-机-环境系统除了应解决人、机之间的控制问题之外，还必须解决环境因素的影响与控制问题。人-机-环境系统所面临的问题，远比目前处理的大系统问题还要复杂和困难。因此，人-机-环境系统工程所肩负的责任就更加重大和艰巨。

1.3.2 优化论

在人-机-环境系统的最优组合中，一般总有多种互不相同的方法和途径，而其中必有一种或几种能最好或较好地符合总体要求，这样一种寻求最优途径的观点和思路，正是人-机-环境系统工程的精髓。优化论就是体现这一精髓的数学手段。

优化论方法在20世纪初就开始出现，并在20世纪中期得到迅速发展，成为一门新的数学分支学科。“优化”从系统工程的观点看有两重含义：① 广义的优化是为使一个系统、组织尽可能有效、完善，是使系统功能得以充分发挥所做的全部努力和进行的过程；② 狭义的优化是指一种特殊的方法、技术或过程，用它来从众多的方案、途径或结构中选择出一种满足一定评判标准的解答。优化论是系统工程方法论中的一种重要工具。从数学上看，优化论是以系统为对象，用概率、统计、运筹、模拟等方法，首先建立要解决的某种系统的模型，然后，以最优化的方法，求得系统问题最佳解或最佳结果。在许多情况下，最优化问题在数学上被简化为在满足一定的约束条件下，求函数的极大值或极小值。

优化论方法也是解决人-机-环境系统工程优化问题的基本方法或工具。人-机-环境系统工程总体优化的思想在各个应用领域能否获得有效的应用，其关键就在于能否从客观实际的人-机-环境系统中，科学地抽象出与系统有关的约束条件和目标函数，建立相应的数学模型，并求出模型的解（求出答案）。例如，载人航天工程系统，就是一个由航天员、飞船、运载工具、测控系统、发射场系统、回收着陆系统、空间飞行环境等构成的巨系统，这样的工程是一个典型的人-机-环境系统工程。要优化系统的总体设计，就需要在总目标的要求及各种约束条件下，根据需要建立起系统的优化模型，并进行求解，最后获得满足要求的解决方案。由于人-机-环境系统工程问题的庞大与复杂（对象本身的复杂性，系统目标、评判标准的数量与选取的复杂性），这就导致优化模型本身复杂、庞大，建立困难，同时也给系统的优化问题求解造成巨大的困难。但系统的总体优化仍然是人-机-环境系统工程工作者不断追求的目标。因为人-机-环境系统工程研究的目标就是要追求系统总体上的“安全、高效、经济”，同时也包括技术上的先进。因此，从工程的观点来看，人-机-环境系统工程的优化包含以下3个层面的含意：① 努力使所确定或设计的系统尽可能地有效、完善，使其资源得到充分的利用，使构成系统各要素的功能得到充分的发挥；② 在系统设计可能选择的方案中去优选一种具体的解决方法、技术与过程，使所得到的设计结果满足一组评估标准；③ 在数学上它是指在一定约束条件下使所确定的系统目标函数取得极大值或极小值。

系统的多样性使得优化问题也是多种多样，从而决定最优化的数学模型也具有多样性。

最优化数学模型的一般形式为

$$\left.\begin{array}{l}\min f(\boldsymbol{x})\\ \text{s.t. } \boldsymbol{x}\in\mathbf{S}\end{array}\right\} \tag{1-6}$$

式中，$\boldsymbol{x}=[x_1\ x_2\ \cdots\ x_n]^{\mathrm{T}}\in\mathbf{R}$，即 $\boldsymbol{x}$ 是 n 维实向量，在实际问题中也称其为决策变量；$f(\boldsymbol{x})$ 是向量 $\boldsymbol{x}$ 的函数，称之为目标函数；s. t. 是英文 subject to 的缩写；$\mathbf{S}$ 是 $\mathbf{R}^n$ 的子集。

当 $\mathbf{S}=\mathbf{R}^n$ 时，$\boldsymbol{x}$ 的取值无任何限制，模型式(1-6) 可写为

$$\min f(\boldsymbol{x}) \tag{1-7}$$

其意义是在 $\mathbf{R}^n$ 中求使 $f(\boldsymbol{x})$ 取极小值的 $\boldsymbol{x}$。这样的最优化问题称为无约束最优化问题。

当 $\mathbf{S}\neq\mathbf{R}^n$ 时，$\mathbf{S}$ 是 $\mathbf{R}^n$ 的真子集，$\boldsymbol{x}$ 的取值受到限制，$\boldsymbol{x}$ 必须属于 $\mathbf{S}$，$\mathbf{S}$ 称为约束条件。这时模型的意义是在集合 $\mathbf{S}$ 中寻求使 $f(\boldsymbol{x})$ 取极小值的向量 $\boldsymbol{x}$。这样的最优化问题称为约束最优化问题。

当 $\boldsymbol{x}\in\mathbf{S}$ 时，则称 $\boldsymbol{x}$ 为最优化问题模型的可行解。这时 $\mathbf{S}$ 中使 $f(\boldsymbol{x})$ 取极小值的 $\boldsymbol{x}$ 称为最优化问题模型式(1-6) 的解。如果 $\mathbf{S}$ 为空集，则称该问题无可行解。

有的最优化问题是求使目标函数取极大值的解，其数学模型如下：

$$\left.\begin{array}{l}\max f(\boldsymbol{x})\\ \text{s.t. } \boldsymbol{x}\in\mathbf{S}\end{array}\right\} \tag{1-8}$$

它可化为等价的极小值问题

$$\left.\begin{array}{l}\min g(\boldsymbol{x})\\ \text{s.t. } \boldsymbol{x}\in\mathbf{S}\end{array}\right\} \tag{1-9}$$

来求解，其中 $g(\boldsymbol{x})=-f(\boldsymbol{x})$。

因此，按照 $\mathbf{S}=\mathbf{R}^n$ 还是 $\mathbf{S}$ 是 $\mathbf{R}^n$ 的真子集，最优化问题可分为无约束最优化与约束最优化两大类。对约束最优化问题，依据目标函数和约束条件的不同形式，又可分为若干类型。下面分别介绍这两类优化问题，重点介绍其中几种典型的最优化模型。

1. 一般无约束最优化

如前所述，一般无约束最优化模型为式(1-7)，即 $\min f(\boldsymbol{x})$，此时 $\mathbf{S}=\mathbf{R}^n$，$\boldsymbol{x}$ 的

取值无任何限制，其意义是在 $\mathbf{R}^n$ 中求使 $f(\boldsymbol{x})$ 取极小值的 $\boldsymbol{x}_0$，$f(\boldsymbol{x})$ 为目标函数，实际上是函数的极值问题。当 x 是标量时，$f(x)$ 是一元函数；当 $\boldsymbol{x}$ 是向量时，$f(\boldsymbol{x})$ 是多元函数，此时最优化变为求使函数 $f(\boldsymbol{x})$ 取极小值的 $\boldsymbol{x}$。如果目标函数连续可导的话，则可用微分求极值的方法。

对于求使函数 $f(\boldsymbol{x})$ 取极大值的问题，如上所述，通过重新选取目标函数 $g(\boldsymbol{x})=-f(\boldsymbol{x})$，可把问题化为求极小值问题。

2. 约束最优化

一般的约束最优化问题的数学模型为

$$\left.\begin{aligned}&\min\ f(\boldsymbol{x})\\&\text{s.t.}\ \mathrm{g}(\boldsymbol{x})=0,(i=1,2,\cdots,m_e)\\&g_i(\boldsymbol{x})\leqslant 0,(i=m_e+1,\cdots,m)\end{aligned}\right\}\tag{1-10}$$

式中，$f(\boldsymbol{x})$ 为目标函数；$g_i(\boldsymbol{x})=0$ 称为等式约束$(i=1,2,\cdots,m_e)$；$g_i(\boldsymbol{x})\leqslant 0$ 称为不等式约束$(i=m_e+1,\cdots,m)$。这个模型表示的是在满足等式约束与不等式约束条件的 $\boldsymbol{x}$ 中，求使目标函数 $f(\boldsymbol{x})$ 取极小值的 $\boldsymbol{x}$。

对最大值问题与大于等于零的约束条件，如上所述，可以通过变换转化为式(1-10)的形式。

一般约束最优化问题，根据目标函数和约束条件的不同形式，可分为若干种类型的典型优化问题。其中最典型的就是线性规划问题，它是式(1-10)中的目标函数，$f(\boldsymbol{x})$ 为变量 $\boldsymbol{x}$ 的线性函数，约束条件也是变量 $\boldsymbol{x}$ 的线性函数，求一组 n 个变量的值使目标函数取极小或极大值。即式(1-10)变成如下的形式：求 $x_1,x_2,\cdots,x_n$ 的值在满足 m 个不等式的约束条件下，使线性函数 $f(\boldsymbol{x})$ 取极值。

$$\left.\begin{aligned}&f(x)=c_1x_1+c_2x_2+\cdots+c_mx_m\\&a_1x_1+a_2x_2+\cdots+a_nx_n\leqslant b_1\\&a_1x_1+a_2x_2+\cdots+a_nx_n\leqslant b_2\\&\cdots\cdots\\&a_1x_1+a_2x_2+\cdots+a_nx_n\leqslant b_m\\&UB\geqslant x_i\geqslant LB(i=1,2,\cdots,n)\end{aligned}\right\}\tag{1-11}$$

式中，UB 为 x_i 的最大值；LB 为 x_i 的最小值。

线性规划是系统问题中最常用的优化技术，也是发展得最成熟、应用得最广泛的方法。变量组维数不高、较简单的线性规划问题可以用图解法来求解。一般的线性规划模型需用单纯形法，设计程序用计算机求解，或使用 MATLAB 之类的科学计算工具软件。比如使用 MATLAB 中的 linprog 程序来求解线性规划问题就十分方便。

当目标函数含有变量的二次项，而约束条件仍是变量 $\boldsymbol{x}$ 的线性函数时，式(1-7)约束优化问题为二次规划问题。此时的目标函数形式为

$$f(x)=c_1x_1+c_2x_2+\cdots+c_nx_n+c_{11}x_1^2+c_{12}x_1x_2+\cdots+c_{nn}x_n^2 \quad (1-12)$$

一般的非线性规划(NP)问题则是变量有非线性的约束条件关系，目标函数又是非线性的。因此，二次规划问题是非线性规划问题的一个特例。一般非线性规划的常用求解方法是顺序非约束最小化技术，即 SUMT (Sequential Unconstrained Minimization Technique)法。梯度探索法等运筹学方法就是解决此类系统优化模型的方法。梯度法即最快上升 / 下降法。这个方法就是把目标函数看成是空间的一个曲面，在这个曲面上沿着局部的最快上升或下降的方向一步一步地迭代，直到目标的顶点或谷点，或遇到约束的上界或下界为止。因此，它是一种为了改善目标函数的值，用微分方法计算矢量，从一个允许解向另一个允许解移动的迭代过程。梯度法不能保证每一个后续的解比前一个解更接近最优解。对二次线性规划问题，在MATLAB的优化工具箱中有quadprog程序，可用其来求解。

前面论述的线性规划问题的一个共同特点是静态性。当问题所包含的变量与时间相关联时，就涉及使用包含时间因素的规划技术，称之为动态规划。动态规划是针对生产技术革新与空间技术发展中的一系列多阶段决策过程最优化问题而提出的一种规划方法。动态规划也可以处理某些与时间无关的多级或多段的多种决策问题。动态规划方法，首先是由美国数学家 Richard Bellman 与 B. G. Dantzig 提出的。动态规划的基础是最优化原理，在数学上它要解决的是一个序贯决策问题：一系列决策中的每一个都依赖于其先前决策的结果，但本质上与先前的决策本身无关，不论最初的状态与最初的决策如何，要保证后续的决策对前阶段的决策结果仍然组成最优化的策略集。

虽然动态规划可以看做是线性规划的推广，但两者又有很大的不同。动态规划可以看成是一个把复杂的大问题分解成一系列较易解决的小问题的方法，它的基本特点是包含多阶段决策，它使用的是状态变量、决策变量、决策能力等概念。一个多阶段决策问题在数学上可作如下描述：

设有一个由 N 个阶段组成的动态系统，其状态转移方程为

$$x_{k+1}=T_k(x_k,u_k)(k=0,1,2,\cdots,n-1) \quad (1-13)$$

式中，x_0 为系统的初始状态，系统的终止状态为 x_N 或属于某一终止状态集合。任何一个由初始状态到终止状态的选择称为全过程策略，简称策略，记为 p 或 $p_{0,N}$。它是由 N 个决策组成的决策序列集合，即

$$p=\{u_0(x_0),u_1(x_1),\cdots,u_{N-1}(x_{N-1})\} \quad (1-14)$$

需要求解的问题是，给定指标函数 $J(p)$，要求从容许决策集合 $D_k(x_k)(k=0,1,2,\cdots,N-1)$ 中找出决策序列

$$u_0(x_0),u_1(x_1),\cdots,u_{N-1}(x_{N-1})$$

使系统在此决策序列的作用下，由初始状态转移到终止状态或终止状态集合（x_k，u_k 满足状态转移方程），并使得指标函数 $J(p)$ 取最优值。

典型的动态规划问题有最短线路问题、生产与库存问题、设备更新问题等。如对于多阶段决策问题为了使最终的决策效果最好，就需要在每一阶段选择一个最优策略使之在预定的标准下达到最好的效果。

由于动态规划没有标准的格式，一个动态规划问题与别的动态规划问题的公式的格式在性质和复杂程度上会不一样，它取决于问题的结构。每个动态规划问题需根据问题的特点，运用适当的数学方法来解决。系统工程师往往没有现成可用的计算机程序，而必须针对具体问题来自行编写程序。

3. 最小二乘优化

最小二乘求极值也是一类优化问题，它也是在科学研究与工程设计中经常遇到的一类优化问题。比如在系统辨识中的参数估计、BP 神经网络中的权值训练、大量试验数据的曲线拟合等，都要用到最小二乘求极值的方法。最小二乘优化问题在数学形式上和采用的优化算法上都比较特殊，因此，它是一类特殊的优化问题，即在二乘意义下的优化。下面简单介绍非负线性、约束线性、非线性最小二乘与最小二乘拟合的数学形式。

非负线性最小二乘问题的数学模型如下：

$$\left.\begin{aligned}&\min\ \|\boldsymbol{Ax}-\boldsymbol{b}\|_2^2\\&\text{s. t. }\boldsymbol{x}\geqslant 0\end{aligned}\right\}\tag{1-15}$$

式中，$\boldsymbol{A}$ 是 $m\times n$ 阶矩阵；$\boldsymbol{b}$ 是 m 维列向量；变量 $\boldsymbol{x}$ 是 n 维列向量。符号 $\|\boldsymbol{Ax}-\boldsymbol{b}\|_2^2$ 表示 2 范数平方，即若 $\boldsymbol{y}=[y_1\ y_2\ \cdots\ y_m]^{\mathrm{T}}$，则

$$\|\boldsymbol{y}\|_2^2=\boldsymbol{y}*\boldsymbol{y}=[y_1\ y_2\ \cdots\ y_m][y_1\ y_2\ \cdots\ y_m]^{\mathrm{T}}$$

有时为了数学处理上的方便，在目标函数前还加一个系数 1/2，实际上不影响问题的实质。在这个模型中，要求约束条件 $\boldsymbol{x}=[x_1\ x_2\ \cdots\ x_n]^{\mathrm{T}}$ 的所有分量都是非负的。这个最小问题可使用 MATLAB 工具中的 lsqnonneg 程序来求解。

约束线性最小二乘问题的数学模型如下：

$$\left.\begin{aligned}&\min\ \|\boldsymbol{Ax}-\boldsymbol{b}\|_2^2\\&\text{s. t. }\boldsymbol{C}_1\boldsymbol{x}\leqslant\boldsymbol{b}_1\\&\boldsymbol{C}_2\boldsymbol{x}=\boldsymbol{b}_2\\&\boldsymbol{LB}\leqslant\boldsymbol{x}\leqslant\boldsymbol{UB}\end{aligned}\right\}\tag{1-16}$$

式中，$\boldsymbol{C}_1$，$\boldsymbol{C}_2$ 为矩阵；$\boldsymbol{b}_1$，$\boldsymbol{b}_2$ 为列向量；其余符号与前面使用的符号含义相同。这个最小问题可使用 MATLAB 工具中的 lsqlin 程序来求解。

非线性最小二乘问题的数学模型如下：

$$\min \sum_{i=1}^{m} f_i(\boldsymbol{x})^2 \tag{1-17}$$

式中，$\boldsymbol{x}=[x_1\ x_2\ \cdots\ x_n]$ 是 n 维向量。它是无约束非线性规划问题模型的特殊形式。

如果记

$$f(\boldsymbol{x})=[f_1(\boldsymbol{x})\ f_2(\boldsymbol{x})\ \cdots\ f_m(\boldsymbol{x})]^{\mathrm{T}}$$

则式(1-17)可表示为

$$\sum_{i=1}^{m} f_i(\boldsymbol{x})^2=[f_1(\boldsymbol{x})\ f_2(\boldsymbol{x})\ \cdots\ f_m(\boldsymbol{x})][f_1(\boldsymbol{x})\ f_2(\boldsymbol{x})\ \cdots\ f_m(\boldsymbol{x})]^{\mathrm{T}}$$

$$\min \sum_{i=1}^{m} f_i(\boldsymbol{x})^2=\min \|f(\boldsymbol{x})\|_2^2 \tag{1-18}$$

在 MATLAB 工具中，这个最小问题可使用 lsqnonlin 程序来求解。最小二乘拟合是在大量试验数据处理中经常使用的一个方法，用它来获得一组数据的解析式子，该式子是在方差最小意义下的试验数据的最佳近似表示。比如在系统试验中，系统的输入变量与输出变量间有如下一组关系数据：

$$(\boldsymbol{x}^{(i)},\boldsymbol{y}^{(i)})\quad (i=1,2,\cdots,p)$$

需求解的问题是，对系统进行分析时，需要其输入输出间关系的数学表达式，即求一个某种形式的函数 $\boldsymbol{y}=f(\boldsymbol{x},a_1,a_2,\cdots,a_m)$ 作为所求函数的近似表达式，它使

$$\sum_{i=1}^{p}[f((\boldsymbol{x})^i,a_1,a_2,\cdots,a_m)-y^{(i)}]^2$$

取极小值，其中 $a_1,a_2,\cdots,a_m$ 为待定常数，这就是最小二乘拟合问题。

最小二乘拟合问题的数学模型如下：

$$\min \sum_{i=1}^{p}[f((\boldsymbol{x})^i,a_1,a_2,\cdots,a_m)-y^i]^2 \tag{1-19}$$

解这个最小二乘拟合问题，在 MATLAB 工具中，既可以用程序lsqcurvefit，也可以用上述非线性最小二乘问题的求解程序lsqnonlin来求解。

4. 最大最小问题

由于人-机-环境系统结构复杂、庞大，而在进行人-机-环境系统设计时，其各构成部分是分头并行的。因此，常遇到这样的问题，要求其各构成部分所需的完成时间最大者达到最小，或要求其各构成部分的可靠度最小者达到最大，此时就产生

了所谓最大最小问题。系统最大最小问题的数学模型如下：

$$\left.\begin{aligned}&\min_{\boldsymbol{x}}\max_{1\leqslant i\leqslant m}|f_i(\boldsymbol{x})|\\&\text{s.t.}\ \boldsymbol{Ax}\leqslant\boldsymbol{b}\\&\boldsymbol{A}_1\boldsymbol{x}=\boldsymbol{b}_1\\&\boldsymbol{C}(\boldsymbol{x})\leqslant 0\\&\boldsymbol{C}_1(\boldsymbol{x})=0\\&LB\leqslant\boldsymbol{x}\leqslant UB\end{aligned}\right\}\tag{1-20}$$

式中，$\boldsymbol{x}$ 为 m 维向量；$\boldsymbol{Ax}\leqslant\boldsymbol{b}$ 与 $\boldsymbol{A}_1\boldsymbol{x}=\boldsymbol{b}_1$ 是变量 $\boldsymbol{x}$ 的线性约束；$\boldsymbol{C}(\boldsymbol{x})\leqslant 0$ 与 $\boldsymbol{C}_1(\boldsymbol{x})=0$ 是 $\boldsymbol{x}$ 的非线性约束；$LB\leqslant\boldsymbol{x}\leqslant UB$ 是 $\boldsymbol{x}$ 的有界约束。这个模型表示，在满足这些约束条件时求出的 $\boldsymbol{x}$，使 $\{f_1(\boldsymbol{x}),f_2(\boldsymbol{x}),\cdots,f_m(\boldsymbol{x})\}$ 中的最大者达到最小。这个最小最大问题可使用 MATLAB 优化工具箱中 fminmax 程序来求解。

5.组合优化问题

组合优化问题的目标是从组合问题的可行解集合中求出最优解。

由于人-机-环境系统工程一般都是复杂大系统工程，人-机-环境系统工程设计的优化是大系统优化问题。大系统(按系统相互关联关系)分解后，将产生一组相对独立的子系统。为了简化起见，在处理这些子目标、子模型时，将暂时不考虑该子系统与其他子系统间的相互作用。各子系统可以采用各种不同的优化技术对子系统的目标实现局部的最优化。但是，各子系统是整个大系统的有机组成部分，各子系统彼此间存在着关联关系，它的优化不仅受到上一级系统的制约，而且受到相互关联的其他子系统的限制。这就需要在系统分解的基础上，正确处理各子系统间的相互作用问题的调节与控制，即进行系统的协调，协调局部优化与整体优化，这就是大系统分解后的组合优化问题。这时，只有从组合问题的可行解集合中求出最优解，才能实现系统设计的整体优化，发挥系统的整体功能。

1.3.3 模型论

模型论能为人-机-环境系统工程研究提供一套完整的数学分析工具。很显然，人-机-环境系统工程不仅要求定性，而且要求定量地刻画全系统的运动规律。为此，就必须针对不同的客观对象，通过建模、参数辨识、模拟和检验等步骤引入适当的数学模型，用数学语言来阐明真实世界的客观规律。

抽象、建模和模型实验(计算机模拟)技术不仅是系统工程师使用的重要技术工具，而且用模型方法来研究现实世界问题也是现代科学方法库中被广泛使用的一种方法。同样，在解决人-机-环境系统工程这样结构复杂、涉及面广的系统工程问题时，也常常用模型来描述客观现实，即通过分析、推理、判断、综合等建立起系统的某种模型。因此，模型化是各类系统工程研究中一种重要的技术过程，即把实际问题用一定形式的符号、文字、图形、模型表示出来。要做到这一点就必须运用抽象的方法。例如，在人-机-环境系统中，为了把人整合到系统模型中来，就要把人这一操作者抽象为系统中的一个“环节”，并建立人的数学模型。

在进行系统分析时，一般需要把系统各部分、系统各个部分与环境间的相互关系和相互作用中，仅与所研究问题密切相关的要素抽取出来，并以一定的模型方式来表示。这种通过人的思维，分离出被研究对象/现象的本质或有关性质，而暂时撇开非本质和次要性质的逻辑方法，在逻辑学中称之为抽象。

在抽象的基础上，产生了现代科学研究和工程技术的一个重要技术手段——模型及建模技术。它是一个以适用于刻画系统行为或过程特性、结构特征与运行性能的物理或数学形式，来表示实际系统或其组成部分的技术。经过抽象这一步之后，系统工程师就可以不必过分关心(注意)物理实体本身，可以专注于代表了原实体的抽象对象模型(也包括了对象之间的联系)。也就是说，一个模型是客观世界中一个实体及其属性变化规律的代表，模型是实际系统的过程或行为的定量或定性代表。模型被定义为现实的抽象，并把一个实体或情况模型的建立过程称为建模。

一个模型系统有 3 大特点：①相似性，模型与原型之间具有行为或结构的相似性，即模型是原型系统的抽象或模仿；②代替性，模型是由说明系统本质特征的诸因素构成的，集中表明了这些因素间的关系，可以通过研究模型来了解实际系统；③有用性，模型比现实容易操作，容易推演系统的变化过程，并具有方便、经济、易外推等优点。

现实的实际系统通常称为原系统或原型。从系统论的观点来看，原型是一个系统，模型也是一个系统。这两个系统间既紧密联系又有区别。一个模型可能表现得比原型来得简单，但一个完整的模型应能正确反映客观现实系统中所要研究问题的各个方面的主要特征。通过对模型系统行为的研究应能揭示被研究原型的行为特征和部分结构特征。总之，抽象、模型与模拟实验技术是研究、分析、设计、评价一个系统的重要技术方法或工具。实践也证明模型方法是许多领域进行科学研究的一种有效的工具或手段。

一个实际系统往往由许多子系统及部件组成。构成实际系统或其组成部分的独立单元便是系统研究分析的对象(一个系统可能只有一个对象)。每个对象是有自己属性和操作方法的实体。对象除了有它的属性(参数与变量数据)与方法(操作、动作)外，对象之间还有消息联系。对象概念的引入，使得构成系统的软、硬件的建模有了统一的描述基础。近年来出现的面向对象的建模思想和方法，面向对象的仿真模拟技术，以及从 20 世纪 80 年代开始的面向对象软件设计方法等，究其根源，都与系统科学、数学及计算机仿真模拟中的认识世界的思想相关联。

由于通过模型进行实验可以达到认识原型的目的，这就把认识原型对象的过程变成认识模型对象的过程。而使用模型实验比使用原型实验在许多情况下有诸多优点，比如，安全、经济、灵活、方便等，因此，模型的方法在许多领域被广泛使用。随着模型技术越来越多地应用，模型的方法也不断发展，建立模型的类型也就极其丰富。下面简单介绍几种模型的类型划分方法。

从模型性质划分，模型可以分两大类：物理（实物）模型和数学模型。物理模型是根据系统物理性质或其他属性而建立起来的相似模型，这里的相似包括几何尺寸形状、逻辑、过程特性等。数学模型就是通过抽象方法，用各种数学工具来描述实际系统及其过程特性。从模型结构划分，模型可以分 3 大类：①实体比例模型，也称为型模，如地球仪、设计与试验用的人体二维或三维模型、建筑布局与外观模型、风洞试验用的飞机或飞行器模型等；②模拟（或类比）模型，如系统方块图、电子电路图、电子模拟系统、平面布置图等；③数字与符号模型，它用数字与符号来表示被研究的对象及其相互关系，如布尔代数、代数方程、微分方程、概率模型等。可以看出，这实际上是把数学模型进一步分成模拟模型和数字与符号模型两类。下面将重点放在有关数学模型的讨论上。

根据模型系统与原型系统相似度，可以把数学模型分为两类：同构模型与同态模型。如前所述，从系统的观点，模型与原型都是系统，在原型系统与模型系统之间，如果在行为一级等价，两者称为同态系统；如果在结构一级等价，则称为同构系统。如果两者是同构系统的话，即两系统对外部激励具有同样的反应，只要给予同样的输入，就会得到同样的输出。如果两系统是同态系统，那么两者之间只有少数的具有代表性的输入输出相对应，即原型系统与模型系统的输入输出之间存在多对一的关系。虽然同态模型系统输入输出与其原型系统的输入输出不存在一对一关系，但同态模型系统依靠某种信息流应能完全反映原型系统实际运行的总效果。因此，有的学者把同态模型称为功能模型。比如，前文讨论过的人的控制模型就是一个同态模型。

在系统工程中，按所建立的模型用途来划分，数学模型可以分五大类：总体过程模型、性能模型、时间模型、可靠度模型和费用模型。这几种类型及其表达功能见表 1－2。

（1）总体过程模型是这样的一种流程模型，它把一个实际系统的安装、调试、测试、实际运行操作的步骤，按时间顺序列成一个表。如一台飞行模拟训练器的构成与安装步骤，试验压力舱的使用操作过程等，都是一种流程模型。

表 1-2 模型类型及表达功能

模型类型	表达功能
总体过程模型	表示系统主要硬件构成的示意图； 表示系统运行的功能图、流程图； 表示操作程序的过程图
性能模型	正确性；反应速度；质量平衡；能量平衡
时间模型	整体时间表；详细时间表；PERT 图(或 CPR 图)
可靠度模型	硬件、软件可靠度；人的工作可靠度
费用模型	费用分析；现金流动程序

(2)性能模型一般是指描述系统的静、动态特性的定量模型。如常用的系统方框图就是结构性能模型，一般工程公式也是性能模型。

(3)时间模型较早的表示法是计划进度表，后来，随着大型武器系统、航天系统的研制，系统管理的需要使时间模型得到了进一步发展。系统工程中通常采用的计划评审技术(PERT)/时间图与临界途径法(CPM)都是时间模型。

(4)系统的可靠度模型：通过分析构成系统各部分的可靠性来建立、计算整个系统可靠性的模型。

(5)费用模型：系统费用分析所用的模型，如 PERT/费用模型。

由于用模型研究问题具有许多优点，所以无论是系统控制问题还是最优化问题，都离不开模型方法，也就是前面提到的以数学为工具，建立各种相关的模型。在控制论与优化论中分别使用各种数学工具与相关领域的知识，建立系统动力学模型、随机模型、模糊模型、运筹学中的线性规划模型、网络模型等，即用系统控制模型、系统最优化模型的方法，来解决控制系统的分析设计及系统优化问题。因此，系统的数学建模，就是对被研究的系统给出其数学公式或流程图形式的描述。

这些模型的解算当然离不开现代的计算工具——计算机。因此，系统控制模型与最优化算法模型的发展应用总是同其基本工具——计算机——技术的发展紧紧地联系在一起的。按数学模型求解方法的划分，模型可以分三大类：解析法求解、数值法求解、随机取样法求解。而要在计算机上对模型求解，就要采用数值法求解，即首先要把所建立的数学模型转变成离散型形式，然后再变成计算机能够运行的算法程序或软件，即变为系统的计算机模型，这样才能在计算机上进行模型的求解。计算机模型的解算过程反映了实际系统的运行变化过程。当按系统的运行条件输入各种信息时，计算机模型的解算结果就随之变化，其变化规律应和实际系统相一致，这种外在的相似性称为模拟。计算机模型的解算结果在一定精度下代表了实际系统运行的输出。如果计算机模型解算的输出与实际系统的输出不仅在数值上保持一致，而且在时间上保持同步，那么这种模拟过程称为实时模拟过程。

总之，模型论就是探讨关于模型的概念、本质、类型，模型在系统开发中的地位、作用，模型建立与验证，模拟试验等方面内容的技术理论。模型方法论是研究和指导运用模型的方法解决系统问题的原则与方法。而模拟则是用模型来进行系统试验的过程。由于建立的是数学模型，又是在计算机上进行解算模拟过程，因此，模拟也称为在计算机上进行的模型试验。

一个实际系统的抽象、建模与计算机仿真模拟试验过程可用图 1-6 来简单表示。由于数学模型是根据不同的实际系统所服从的规律，采用不同的方法经抽象、简化来建立的，比如直接分析法、系统类比（物理或数学类比）法、概率统计分析法等，因此建模过程是一个创造性的劳动过程。

图 1-6 所示只是一个单程的过程，实际上这个过程是一个不断反复进行的过程，这在下面的模型校验中将进一步阐述。在介绍模型的校验之前，先谈模型建立的一般原则。

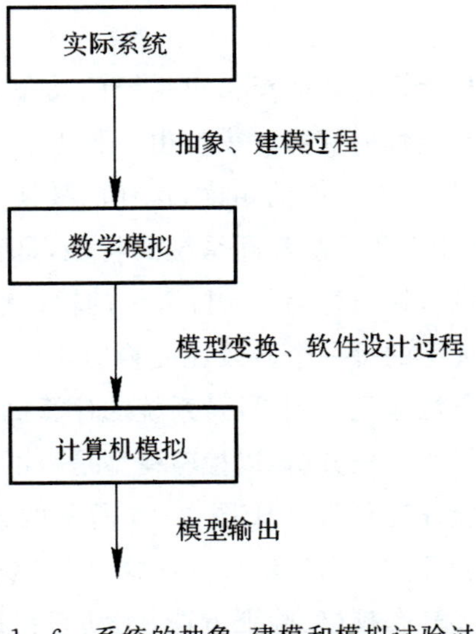

图 1-6　系统的抽象、建模和模拟试验过程

建立一个系统模型的过程与认识任何客观事物的过程是一致的，都是从定性的认识发展到定量的认识。对于一个新系统的建模过程，一般首先只能建立其定

性的模型，逐步发展到建立其定量模型，而且定量模型还有一个丰富、完善的过程。也可以说，一开始建立的是一个粗模型，进一步深入分析后，就可以建立一个具有中等精度的模型。再进一步细致分析，最后进入建立详细模型的阶段。

因此，构造系统的模型，首先是明确问题，确定系统的组成部分；其次是要确定系统的输入变量、状态变量（描述系统各组成部分的状态）和系统的输出变量；然后便是确定系统组成部分间的关系和把目标变成某种要求，这些关系与要求，最后是由系统各变量间的关系的数学形式来表达的，即数学模型。

系统的对象和性质不同，构造系统模型的方法也往往不一样。构造系统模型的方法可分为以下几类：

1）直接分析法；

2）系统模拟法（物理模拟、数学模拟）；

3）最小能量法；

4）概率统计分析法；

5）状态空间分析法；

6）统计模型法；

7）试验分析法；

8）工程设计分析法。

数学模型需在计算机上运行才能模拟出系统的动态变化过程，或者需要通过计算才能得出不同方案有效性的优劣。模型由一种形态变换成另一种形态后，必须保证其仍然有效，即变换具有足够的精度，这样的变换才是成功的。另外，所建立的模型是否有效，是否能真实反映实际系统的特性，是否有用（满足要求）等，也只有通过对模型系统的输入输出行为与实际系统的输入输出行为作对比验证才能知道。由图 1-6 可知，模型的每一个阶段在变换时不但要加以校核，而且发现问题时要及时修改或改变方法途径。到最后，系统的计算机模拟输出，必须回过头来与实际系统的相应输出进行比较分析，以检验模型是否可用。

因此，模型的校核、验证工作存在于图 1-6 所示的建立模型过程的各阶段。有学者把模型的校核与验证的技术方法分为 4 类：①非规范的校核、验证方法；②规范的校核、验证方法；③静态校核、验证方法；④动态校核、验证方法。从实施校核、验证具体方法时是否需要运行模型来看，所有的校核、验证方法都不外乎是静态分析与动态测试。

1.4 驾驶舱一般设计流程

民用飞机(简称民机)作为现代化的空中交通工具,安全、经济、舒适是研制的基本准则,其中安全性又是第一位的基本要求。为此,各国都相继成立了民机适航性管理的立法性机构,制定了一系列民机的最低安全性规章来控制和指导民机的研制和生产。对飞机的研制和生产实行监督并实行发放适航证制度,任何不符合适航规章有关要求的民机,一律不能投入生产,更不允许投入航线使用。适航性要求是民机研制的最低安全性要求,在研制工作的开始阶段,就必须着手编制型号的适航审定基础以及拟采取的符合性措施的研究工作,并且在以后的所有工作阶段,都必须严格遵照这些适航文件进行工作。为了使飞机的研制能够顺利地通过适航审定,必须坚持将适航性要求和适航工作放在优先的位置。因此,适航条例和要求需要贯穿民机驾驶舱研制整个过程中,必须根据适航条款建立驾驶舱设计准则规定的设计流程、方法和规范。

民机驾驶舱是一个复杂的人机系统,在这个系统中,系统的总体目标是安全、高效、舒适、环保、经济。在人机系统开发的全过程中,均应有人机工效专家参与,而且在不同的开发阶段,所参与的工作是不同的。

驾驶舱人机工效设计根据其自身规律,可以分为下述5个阶段:

1)需求定义;

2)概要设计;

3)初步设计;

4)详细设计;

5)试飞。

如图1-7和表1-3所示。

1.4.1 需求定义

设计包括需求定义和用户研究。需求定义分为不同水平,从最高的哲学水平到最低的详细的需求和约束,比如系统性能、特征、系统开发的限制条件、系统功能需求等,作为设计师和人类工效专家的统一参考。需求分析主要指用户研究,分为航空公司和飞行员。

这一阶段的主要任务是侧重于市场调研和预测,基本技术和性能指标的制定及方案的构思,中心工作是产品的战略和定位,驾驶舱理念,通用性种类和等级,基本设计目标和要求等,其主要内容有:

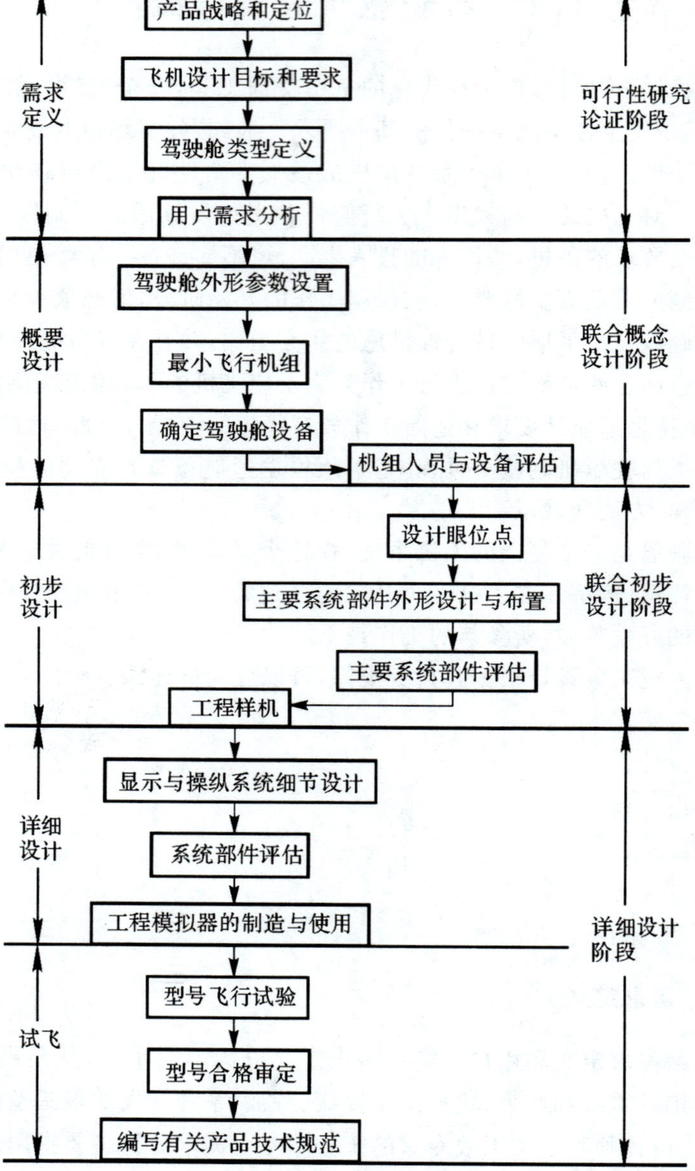

图 1－7　民机驾驶舱人机工效设计流程图

表 1－3　民机驾驶舱人机工效设计流程表

<table>
<tr><th>阶段</th><th>流程</th><th>设计过程</th><th colspan="2">人机工效专家</th></tr>
<tr><td rowspan="2">可行性研究论证阶段</td><td rowspan="2">需求定义</td><td>产品战略和定位
驾驶舱理念
通用性种类和等级
飞机设计目标和要求
供应商
验证基础</td><td colspan="2">驾驶舱设计定位评估（航空公司为用户）</td></tr>
<tr><td>操作知识</td><td colspan="2">对主要人员的特性、训练等有关问题的调查和预测（飞行员为用户）</td></tr>
<tr><td rowspan="3">联合概念设计阶段</td><td rowspan="3">概要设计</td><td>驾驶舱定义，机头理论外形和风挡</td><td>飞行员人体尺寸，外视界分析</td><td rowspan="3">驾驶舱概念设计评估</td></tr>
<tr><td>机组人员定义</td><td>机组资源管理</td></tr>
<tr><td>驾驶舱系统及设备组成</td><td></td></tr>
<tr><td rowspan="4">联合初步设计阶段</td><td rowspan="4">初步设计</td><td>主要基准点定义（眼位参考点，座椅参考点，地板）</td><td>飞行员人体尺寸</td><td rowspan="4">工程样机、展示样机和数字样机驾驶舱评估，评估驾驶舱实体和数学模型</td></tr>
<tr><td>驾驶舱布置图（2D）主要部件外形和布置：座椅，主仪表板，顶控板，中央操纵台，侧部操纵台等</td><td rowspan="2">适用的人机工效数据，外视界和内视区分析，视锥评估，姿态，可达性分析，操纵舒适性分析</td></tr>
<tr><td>驾驶舱数模（3D）主要部件外形和布置：座椅，主仪表板，顶控板，中央操纵台，侧部操纵台等</td></tr>
<tr><td>操作手柄的布置和设计：侧杆，前轮转弯手轮，油门杆，起落架</td><td>与人体尺寸及生理特征相符性分析；尺寸，外形结构，角度，操纵行程等</td></tr>
</table>

续表

阶段	流程	设计过程	人机工效专家
详细设计阶段	详细设计	显示页面设计 控制装置设计	控制与显示相合性分析
		显示界面 图形用户界面 窗口管理 格式 告警	信息显示与人的认知能力兼容性评估
		面板/控制器件	控制器件与人的操纵能力兼容性评估 (反应速度,运动特征)
		自动化设计 基于驾驶舱设计理念编写飞行员操作程序	任务分析 工作负荷 情景意识 人为差错
	试飞	型号飞行试验 型号合格审定 编写有关产品技术规范	参与分析是否存在设计缺陷

(1)国内外经济发展与运量预测,飞机各等级的总需求量、净需求量预测。

(2)市场战略研究和战术研究,竞争环境和市场形势分析。

(3)产品的战略和定位,通用性种类和等级。

(4)驾驶舱理念。

(5)基本技术要求和主要性能指标的制定,包括飞机布局形式、座级大小、航程长短、速度高低、发动机类型及推力等级、经济性目标、竞争对手等。

(6)验证基础。

(7)用户需求分析,包括航空公司对驾驶舱设计的定位和评估以及飞行员操作知识的调查和预测。

在这一阶段,应多做市场调研和用户访问,不仅要做宏观的市场预测分析,还应做微观的用户与航线调查。

1.4.2　概要设计

详细划分系统的主要事项及性能指标，在该阶段主要依据飞机和驾驶舱的使用限制来确定驾驶舱机组人员编制和驾驶舱主要系统设备。主要工作包括：

(1)飞机运行类型定义，驾驶舱类型。

(2)驾驶舱定义，机头理论外形和风挡。

(3)最小机组人员。

(4)驾驶舱主要电子电气系统与机械系统配置方案。

1.4.3　初步设计

驾驶舱人机工效初步设计主要是基于驾驶舱空间尺寸，确定飞行员眼位点，并以此为基础，对驾驶舱主要系统进行尺寸设计和空间布置，设计完成后，进行可视性、可达性、操纵舒适性等工效评估。若各系统不满足评估要求，则需要重新进行尺寸设计和空间布置。主要工作包括：

(1)设计眼位点。

(2)主要系统部件外形设计与布置，包括座椅设计与布置；风挡；飞控组件，包括驾驶杆、脚蹬、油门杆等；仪表板设计与布置；遮光罩设计与布置；中央控制台设计与布置；左右控制台设计与布置；顶部控制板设计与布置；其他设备设计与布置等。

(3)主要系统部件可视性、可达性、操纵舒适性评估。

(4)工程样机。

(5)展示样机的设计与制造。

(6)工程模拟器的设计。

(7)工程协调样机可采用电子样机。

初步设计阶段是设计工作全面开展的阶段，不仅设计部门要参与，而且制造部门和使用部门都要参与进来，适航当局也要逐步参与，实行所谓的“并行工程”，也即“三结合”，使设计工作一开始就考虑到以后的制造与使用，尽可能完美无缺、尽善尽美。

1.4.4　详细设计

在此阶段，设计工作全面铺开，各设计单位按工作包的分工，以作为总设计师指令下达的“型号设计要求”为依据进行详细设计。驾驶舱显示系统、操控系统等的细节设计，显示系统包括字符编码、颜色、显示内容等；操控系统如操纵手柄大小、操纵方式等;其他系统细节设计。设计完成后,进行可视性、可达性、操纵舒适性等工效评估。若各系统不满足评估要求,则需要重新进行尺寸设计和空间布置。主要工作包括以下几点:

(1)全面地完善、完成与初步设计阶段相对应的系统的细节设计工作。

1)驾驶舱显示系统细节设计;

2)驾驶舱操纵系统细节设计;

3)重要系统详细设计。

(2)系统部件可视性、可达性、操纵舒适性评估。

1)系统综合性评估;

2)系统部件的协调。

(3)工程模拟器的制造与使用。

1)工程模拟器的研制;

2)完成模拟试验。

1.4.5 试飞

(1)完成型号飞行试验。

1)进行研制试飞;

2)完成型号合格审定试飞。

(2)型号合格审定。

1)逐条验证相应的适航标准和审定基准;

2)编写型号适航符合性文件。

(3)编写有关产品技术规范。

1)编写"型号总体布局定义"或飞机详细技术说明书;

2)初步编写飞行手册和维护手册等用户使用文件。

1.5 驾驶舱人机工效的研究内容

驾驶舱人机工效设计,包括系统设备的总体布局及设计,驾驶舱舱内设备系统的布局及设计(直至具体的控制器中,显示单元的形状以至色彩、听觉信号的音色、音强、频谱等)均应适应飞行员的生理、心理要求,目的是设计出适于认知、便于操纵、环境舒适、不易出错、降低疲劳、满足人机工效要求的驾驶舱,以提高飞行的安全性。

从人-机-环境系统工程的角度来说,其研究内容可用图 1-8 来形象描述。它包括7个方面:人的特性研究、机器的特性研究、环境的特性研究、人机关系的研究、人-环境关系的研究、机-环境关系的研究、人-机-环境系统总体性能的研究。

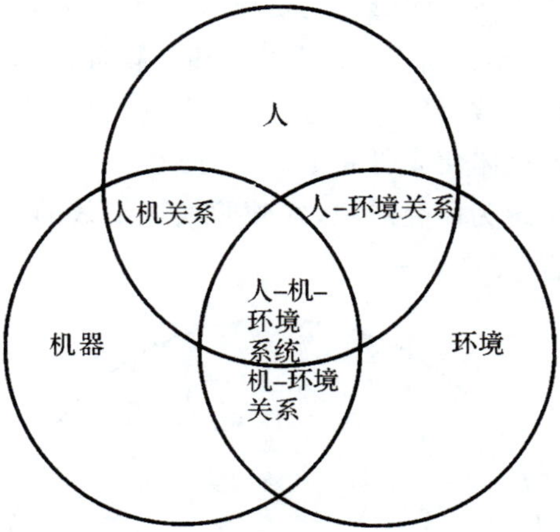

图1-8 人-机-环境系统研究内容示意图

1. 人的特性研究

人的特性研究主要包括人的工作能力研究,人的基本素质的测试与评价,人的体力负荷、智力负荷和心理负荷研究,人的可靠性研究,人的数学模型(控制模型和决策模型)研究,人体测量技术研究,人员的选拔和训练研究。

2. 机器特性研究

机器特性研究人机工程相关的机器特性及其建模技术。

3. 环境特性研究

环境特性研究人机工程相关的环境特性及环境建模技术。

4. 人机关系研究

人机关系研究主要包括静态人机关系研究、动态人机关系研究和多媒体技术在人机关系中的应用等三个方面。静态人机关系研究主要有作业域的布局与设计;动态人机关系研究主要有人、机功能分配研究(人机功能比较研究,人机功能分配方法研究,人工智能研究)和人机界面研究(显示和控制的人机界面设计及评价技术研究)。

5. 人-环境关系研究

人-环境关系研究主要包括环境因素对人的影响,个体防护及救生方案的研究。

6. 机-环境关系研究

机-环境关系研究主要研究与人机工程相关的机-环境关系及其特性。

7. 人-机-环境系统总体性能的研究

人-机-环境系统总体性能的研究主要包括人-机-环境系统总体数学模型的研究,人-机-环境系统全数学模拟、半物理模拟和全物理模拟技术的研究,人-机-环境系统总体性能(安全、高效、经济)的分析、设计和评价,虚拟现实(virtual reality)技术在人-机-环境系统总体性能研究中的作用。

具体到以驾驶舱系统为研究对象,驾驶舱人机工效的7个部分的研究内容都可以具体化为如下内容(见图1-9):

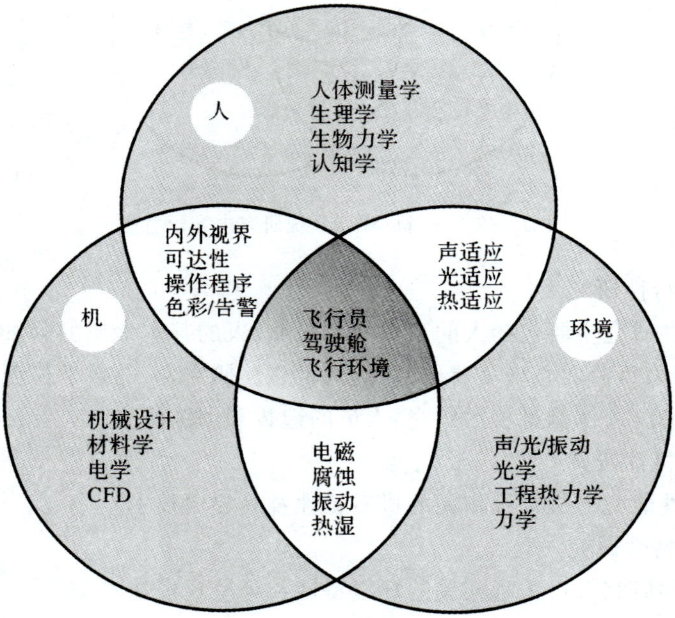

图1-9 驾驶舱人机工效的研究内容

1. 机组人员的特性研究

机组人员的特性研究主要是针对正常与应急条件下飞行员的工作能力,飞行员人体测量,飞行员选拔与训练,飞行员工作负荷,机组工作量评定,飞行员认知特性与操纵特性,飞行员可靠性(失误),飞行员运动学/动力学/生物力学模型等方面的研究。

2. 驾驶舱特性研究

驾驶舱特性研究主要是针对驾驶舱工效学中驾驶舱机械特性等的研究,主要包括驾驶舱设备操纵特性、力学特性等。

3. 环境特性研究

环境特性研究主要是针对驾驶舱工效学中的环境，包括声、光、振动和温度、湿度、通风等微环境以及色彩、材质等内饰环境对人的生理、心理特性的影响的研究。

4. 人机关系研究

针对驾驶舱的人机系统，在人机关系方面主要研究驾驶舱的布局与设计，如显示界面设计，控制设备设计与布局，人机功能分配等。此部分的研究主要是基于对飞行员特性的研究，以飞行员的能力限制为基础，对驾驶舱进行布局与设计，驾驶舱相关设备如座椅和显示系统等的设计，以及在飞行员与自动化设备之间进行功能分配。

5. 人-环境关系研究

人-环境关系研究主要包括环境因素对飞行员的认知与操作的影响，飞行员的安全与救生等。

6. 机-环境关系研究

机-环境关系研究主要研究环境因素对驾驶舱设备的影响，如温度、湿度等微环境对设备的影响。

7. 人-机-环境系统总体性能的研究

人-机-环境系统总体性能的研究主要是对整个驾驶舱人-机-环境系统的研究，包括驾驶舱总体性能分析与评价，以及相关的分析与评价方法的研究。

第 2 章　飞行员特性

一般情况下，驾驶舱-飞行员-飞行环境这样的综合系统是通过飞行员的操纵和监控来实施控制的，即使是自动驾驶过程也离不开飞行员的监控。飞行员驾驶飞机在复杂的环境下完成起降、巡航、特情处理等飞行任务，在这个过程中，飞行员需要运用大脑的智能感知各种信息，综合处理各种信息并做出相应的决策，需要运用体能在各种飞行环境和飞行状态下操纵飞机完成飞行任务。在保证飞行安全的任务完成过程中，飞行员起到了决定性的作用。

飞行员执行任务的性质决定了飞行员独特的认知和操纵特性，表现在以下几个方面：

(1)任务中涉及的专有知识广泛、复杂。

(2)任务过程中面对的信息量大，要求能够快速地从大量的信息中提取出有效信息。

(3)操纵动作需要准确确认，确认之后要求作动准确到位。

(4)零出错机会(要求"无差错操纵")。

(5)外界环境瞬息万变。

(6)操作过程程式化。

因此，对飞行员在执行飞行任务过程中表现出的各种认知与操纵特性进行研究，才能真正为驾驶舱人机工效设计提供指导。

本章主要对驾驶舱设计与评估过程中，与飞行员几何特性、认知与操纵特性以及飞行员失误等相关的内容进行阐述。

2.1　飞行员几何特性

为了使与飞行员人体尺度有关的各种驾驶舱设计对象能够符合人的生理特点，让飞行员在使用设备时处于舒适的状态和适宜的环境，操作效率最优化，就必须在设计中充分考虑飞行员人体的各种尺度。目前在国内对飞行员人体几何特性的研究处于起步阶段，发布了两项关于飞行员人体测量数据的标准，分别是《中国男性飞行员人体尺寸》和《中国男性飞行员人体三维尺寸》，依据这两项标准可以建立初步的飞行员三维数字人体模型，完成驾驶舱布局与布置的设计和评估。

2.1.1　人体测量学基本概念

1. 测量姿势

进行人体测量的基本姿势有两种：直立姿势（简称立姿）和坐姿。国标 GB/T5703—1999 中定义如下：

(1)直立姿势。被测者挺胸直立，头部以眼耳平面定位，眼睛平视前方，肩部放松，上肢自然下垂，手伸直，手掌朝向体侧，手指轻贴大腿侧面，膝部自然伸直，左、右足后跟并拢，前端分开，使两足大致成 45°夹角，体重均匀分布于两足上。为确保直立姿势正确，被测者应使足后跟、臀部和后背部与同一铅垂面相接触。

(2)坐姿。被测者挺胸坐在被调节到腓骨头高度的平面上，头部以眼耳平面定位，眼睛平视前方，左、右大腿大致平行，膝弯屈大致成直角，足平放在地面上，手轻放在大腿上。为确保坐姿正确，被测者的臀部、后背部应同时靠在同一铅垂面上。

2. 人体测量基准面

人体测量基准面的定位是由 3 个互相垂直的轴决定的，这些轴分别作为人体测量的冠状轴（横轴）、矢状轴（纵轴）和垂直轴。通过这些轴的面作为测量的基准面，如图 2 - 1 所示。

(1)矢状面。通过垂直轴和矢状轴的平面及与其平行的所有平面都称为矢状面。

(2)正中矢状面。在矢状面中，把通过人体正中线的矢状面称为正中矢状面。正中矢状面将人体分成左、右对称的两个部分。

(3)冠状面。通过垂直轴和冠状轴的平面及与其平行的所有平面都称为冠状面。冠状面将人体分成前、后两个部分。

(4)水平面。与矢状面及冠状面同时垂直的所有平面都称为水平面。水平面将人体分成上、下两个部分。

3. 人体测量方向

为了统一表达运动时人体各部分的空间位置关系和关节活动范围，解剖学规定了下列方位术语：

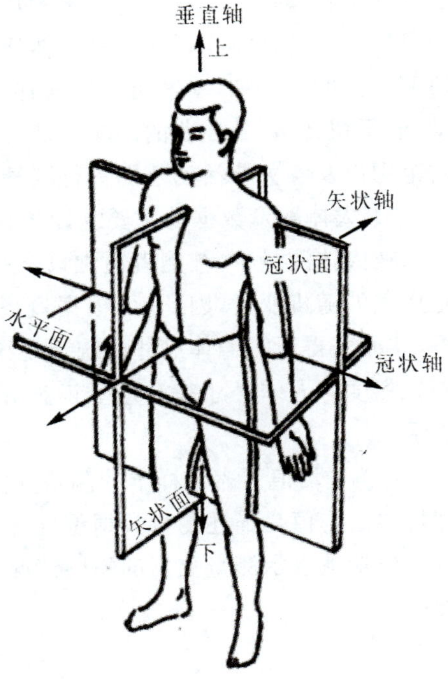

图 2 - 1　人体测量基准面

(1)上和下。靠近头顶的称为上;靠近足底的称为下。

(2)前和后。靠近腹面的称为前;靠近背面的称为后。

(3)内侧和外侧。靠近正中矢状面的称为内侧;远离正中矢状面的称为外侧。

(4)内和外。内和外是描述空腔器官相互位置关系的术语。接近内腔者为内;远离内腔者为外。

(5)近侧和远侧。近侧和远侧常用于描述四肢。距肢体根部近的为近侧;远离肢体根部的为远侧。

(6)尺侧和桡侧。前臂的内侧称为尺侧;前臂的外侧称为桡侧。

(7)胫侧和腓侧。小腿的内侧称为胫侧;小腿的外侧称为腓侧。

(8)浅和深。以体表作为参考体,距体表近者为浅;远离体表者为深。

4. 人体测量尺寸

(1)静态人体测量尺寸。静态人体测量尺寸是指测量时被测者处于静止状态下。静态人体尺寸可以作为驾驶舱空间大小的设计依据。GB3975—83 中规定了人机工程学使用的有关人体测量参数的测点及测量项目,其中立姿有 40 项,坐姿有 22 项,手和足部 6 项以及体重 1 项。

(2)动态人体测量尺寸。动态人体测量尺寸指人体功能尺寸,包括人在工作姿势下或某种操作活动状态下测量的尺寸。动态人体测量尺寸是在执行某种动作时的身体动态特征。在任何一种身体活动中,身体各部位的动作并不是独立的,而是协调一致的。例如,手臂可及的极限并非唯一由手臂长度决定,它还受到肩部运动、躯干扭转、背部屈曲的影响。动态人体测量通常是对手、上肢、下肢、脚所伸及的范围以及各关节活动范围进行测量,如飞行员前臂手功能前伸长等。

5. 人体测量数据的主要统计函数

在人体测量中,被测者通常只是一个特定群体中较少数量的个体,其测量数据是离散的随机变量,因此,可根据概率论和数理统计理论对测量数据进行统计分析,从而获得所需群体尺寸的统计规律和特征参数,以便反映该群体的形态特征和差异程度。人体尺寸基本是呈正态分布的,常以平均值、标准差和相关系数等来表示。

(1) 平均值。表示样本的测量数据集中地趋向某一个值,该值称为平均值,简称均值。均值是描述测量数据位置特征的值,可用来衡量一定条件下的测量水平,也可概括地表示测量数据的集中情况。对于n个样本的测量值x_1,x_2,…,x_n,其均值为

$$\bar{x}=\frac{x_1+x_2+\cdots+x_n}{n}=\frac{1}{n}\sum_{i=1}^{n}x_i \tag{2-1}$$

(2) 方差。描述测量数据在中心位置(均值)上下波动程度差异的值称为均方差,通常叫方差。方差表明样本的测量值是变量,既趋向均值而又在一定范围内波动。对于均值为 $\bar{x}$ 的 n 个样本测量值 x_1, x_2, …, x_n,其方差 S^2 的定义为

$$S^2=\frac{1}{n-1}[(x_1-\bar{x})^2+(x_2-\bar{x})^2+\cdots+(x_n-\bar{x})^2]=\frac{1}{n-1}\sum_{i=1}^{n}(x_i-\bar{x})^2 \tag{2-2}$$

式(2-2)又等价于下式:

$$S^2=\frac{1}{n-1}(x_1^2+x_2^2+\cdots+x_n^2-n\bar{x}^2)=\frac{1}{n-1}\left(\sum_{i=1}^{n}x_i^2-n\bar{x}^2\right) \tag{2-3}$$

(3) 标准差。由方差的计算公式可知,方差的量纲是测量值量纲的二次方,为使其量纲和均值相一致,则取其均方根差值,即标准差,用来说明测量值对均值的波动情况。对于均值为 $\bar{x}$ 的 n 个样本测量值 x_1, x_2, …, x_n,其标准差 S_D 的一般计算式为

$$S_D=\left[\frac{1}{n-1}\left(\sum_{i=1}^{n}x_i^2-n\bar{x}^2\right)\right]^{\frac{1}{2}} \tag{2-4}$$

(4) 相关系数。对于人体测量尺寸而言,相关系数是同一个体中两个身体尺寸间相互关系的密切程度,其计算式为

$$\gamma=\sum_{i=1}^{n}(x_i-\bar{x})(y_i-\bar{y})/\sqrt{S_x^2S_y^2} \tag{2-5}$$

式中,x_i 和 y_i 是同一个体中两个身体尺寸的第 i 个数据,其余同上。

研究表明,若干人体测量尺寸变量间的关系通常是正相关关系。尽管群体中某个个体的身体尺寸变量间不能简单地以一个百分位或一个比例值加以描述,但作为一个统计性群体而言,某些身体测量尺寸间存在明显的比例关系趋势。

(5) 抽样误差。抽样误差又称标准误差,即全部样本均值的标准差。在实际测量和统计分析中,总是以样本推测总体,而在一般情况下,样本与总体不可能完全相同,其差别就是由抽样引起的。抽样误差数值大,表明样本均值与总体均值的差别大;反之,说明差别小,即均值的可靠性高。

概率论证明,当样本数据的标准差为 S_D,样本容量为 n 时,则抽样误差 $S_{\bar{x}}$ 的计算式为

$$S_{\bar{x}}=\frac{S_D}{\sqrt{n}} \tag{2-6}$$

由式(2-6)可知,均值的标准差 $S_{\bar{x}}$ 为测量数据的标准差 S_D 的 $1/\sqrt{n}$。当测量方法一定时,样本容量愈多,则测量结果精度愈高。因此,在可能范围内增加样本

容量，可以提高测量结果的精度。

(6) 百分位数。人体测量数据常以百分位数 P_K 作为一种位置指标、一个界值。一个百分位数将群体或样本的全部测量值分为两部分，有 $K\%$ 的测量值等于和小于它，有 $(100-K)\%$ 的测量值大于它。例如在产品设计中最常用的是 P_5，P_{50}，P_{95} 三种百分位数。其中第 5 百分位数代表“小”身材，是指有 5% 的人群身体尺寸小于此值，而有 95% 的人群身体尺寸均大于此值；第 50 百分位数表示“中”身材，是指大于和小于此人群身体尺寸的各为 50%；第 95 百分位数代表“大”身材，是指有 95% 的人群身体尺寸均小于此值，而有 5% 的人群身体尺寸大于此值。

如前面所述，人体尺寸基本呈正态分布，因此，某百分位数人体尺寸可根据均值 $\bar{x}$ 和标准差 S_D 来计算，也可计算某一人体尺寸所属的百分位数。

1) 计算某一百分位数人体尺寸。已知某项人体测量尺寸的均值为 $\bar{x}$，标准差为 S_D，则任一百分位数的人体测量尺寸 x 为

$$x=\bar{x}\pm(S_D K) \tag{2-7}$$

式中，K 是变换系数，常用的百分比值与变换系数的关系见表 2-1。

当求 1% ～ 50% 之间的数据时，式中取“—”号；当求 50% ～ 99% 之间的数据时，式中取“+”号。

表 2-1　百分比值和变换系数关系

百分比值 /(%)	K	百分比值 /(%)	K
0.5	2.576	70	0.524
1.0	2.326	75	0.674
2.5	1.960	80	0.842
5	1.645	85	1.036
10	1.282	90	1.282
15	1.036	95	1.645
20	0.842	97.5	1.960
25	0.674	99.0	2.326
30	0.524	99.5	2.576
50	0.000		

2) 计算人体测量数据所属百分位数。当已知某项人体测量尺寸为 x_i，其均值为 $\bar{x}$，标准差为 S_D 时，计算该尺寸 x_i 所处的百分位数 P 的方法如下：

a) 先计算 z 值：

$$z=(x_i-\bar{x})/S_D \tag{2-8}$$

b）根据计算所得 z 值在有关手册中的正态分布概率数值表上查得对应的概率数值 p，则百分率 P 的计算式如下：

$$P=0.5+p \tag{2-9}$$

2.1.2　飞行员人体模型的几何约束

从解剖学角度看，人体运动系统由骨、骨连接和骨骼肌组成。在神经系统的调节和其他各系统的配合下，运动系统能使肢体在空间内移动位置以及使各肢体间的相互位置发生变动。在运动过程中，骨骼起着杠杆的作用，关节是运动的枢纽，骨骼肌则是运动的动力器官。骨骼、关节和骨骼肌组成了一个复杂的生物运动机构。

人体能完成的各种动作的复杂性、多样性是机械无法比拟的，但直接对人体进行复杂的力学分析也是很困难的。在分析人的运动时，应将人体系统简化为适当的计算模型。由于人体骨骼十分坚硬，在运动中可以不考虑变形而将其看作刚体，关节则可看成铰链，把骨骼肌作用按力学特性简化为各刚体之间的作用力和力矩，因此人体可以简化成一个铰链连接的刚体连杆系统。

人体模型的几何约束包括人体测量尺寸、关节自由度数目及关节活动范围等反映人体生理特征的参数。

1. 飞行员关节自由度及关节活动范围

人体关节自由度数取决于人体关节的运动形式，其运动形式与关节面的形态有密切的关系。根据关节运动轴的方位，关节运动有以下 4 种形式。

(1)屈伸运动。关节绕冠状轴所进行的运动称为屈伸运动。同一关节的两骨之间，角度减小为屈，角度增大为伸。例如，肘关节连接的前臂骨和肱骨，肘关节绕冠状轴转动时，前臂骨与肱骨之间角度减小称为屈肘，反之则称为伸肘。

(2)内收外展。关节沿矢状轴所进行的运动称为内收外展。内收为关节转动时，骨向正中面靠拢的运动；外展则为骨离开正中面的运动。

(3)旋转运动。骨围绕垂直轴或绕骨本身的纵轴的运动称为旋转运动。骨的前面转向内侧称为旋内，而骨的前面转向外侧则称为旋外。

(4)环转运动。骨的近侧端在原点转动，远侧端作圆周运动称为环转运动，全骨形成一个圆锥形式的运动轨迹。环转运动实际上是屈、展、伸、收的依次连续运动。

人体各个关节的活动范围有一定的限度。参考有关的人机工程学相关标准，飞行员人体关节活动范围见表 2-2。

表 2-2 人体关节自由度及活动范围

人体关节	自由度		关节功能活动范围/(°)
肩关节	3	前屈/后伸	0～170/0～60
		内收/外展	0～18/0～80
		内旋/外旋	0～20/0～97
肘关节	2	屈/伸	0～140/0
		旋前/旋后	0～80/0～80
腕关节	2	掌屈/背伸	0～80/0～70
		尺偏/桡偏	0～20/0～30
腰关节	3	前屈/后伸	0～90/0～30
		左/右侧屈	0～30/0～30
		左/右旋转	0～30/0～30
髋关节	3	屈/伸	0～113/0～18
		内收/外展	0～30/0～45
		内旋/外旋	0～45/0～45
膝关节	2	屈/伸	0/0～135
		内旋/外旋	0～35/0～43
踝关节	2	跖屈/背屈	0～38/0～50
		内翻/外翻	0～20/0～30

2. 视觉特性

飞行员从外界获得的信息中80%以上来自视觉，因此，在感觉器官中视觉占主要地位。

(1)视野范围。头部和眼球固定不动时所能看到的正前方空间范围称为视野或称为静视野，眼球自由转动时所能看到的空间范围称为动视野。视野可以用视野计测量。视野分为单眼视野和双眼视野，视野范围是单眼视野和双眼视野的总和。在水平面内的视野，双眼视区大约在60°以内的范围内，单眼视野界限为标准视线每侧94°～104°(见图2-2)。人最敏感的视力是在标准视线每侧1°的范围内。在垂直面内，最大视区为标准视线以上50°和标准视线以下70°(见图2-3)。颜色辨别界线为视平线以上30°，视平线以下40°。实际上人的自然视线低于标准视线，在一般状态下，站立时自然视线低于水平线 10°，坐着时低于水平线 15°。在很松弛的状态中，站着和坐着的自然视线偏离标准线分别为 30°和 38°。观看展示物的最佳视线在低于标准视线 30°的区域里。

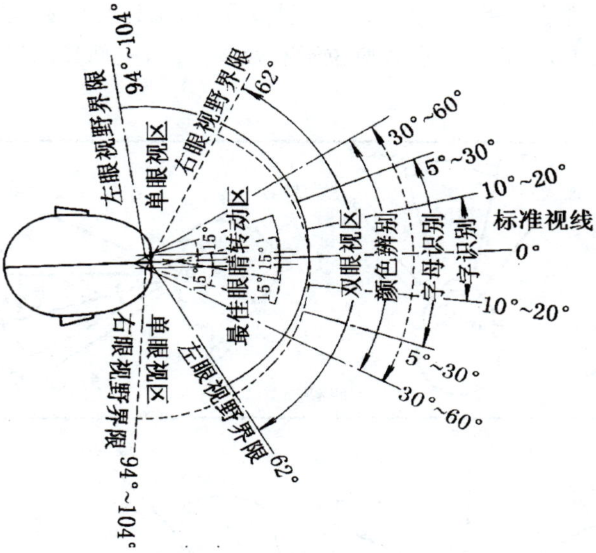

图 2-2　水平视野

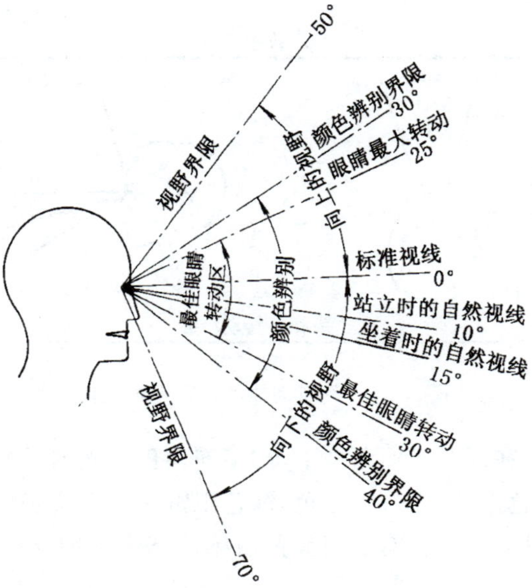

图 2-3　垂直视野

(2)视区范围。人的头部和眼睛在不同的状态下,眼睛能觉察到的空间范围不同,如图 2-4 所示。按人眼对物体的辨认效果,即辨认的清晰程度和辨认速度,分为以下 3 个视区:最佳视区、有效视区和最大视区。其中最佳视区为眼转动最佳视区,有效视区为头转动的最大视野范围,最大视区为头和眼转动的最大视野范围,各视区的范围和辨认效果见表 2-3。一般情况下,主告警设备及最佳外视野范围应位于最佳视区内,主要显示设备应位于有效视区内,全部显示设备均应在最大视区内。

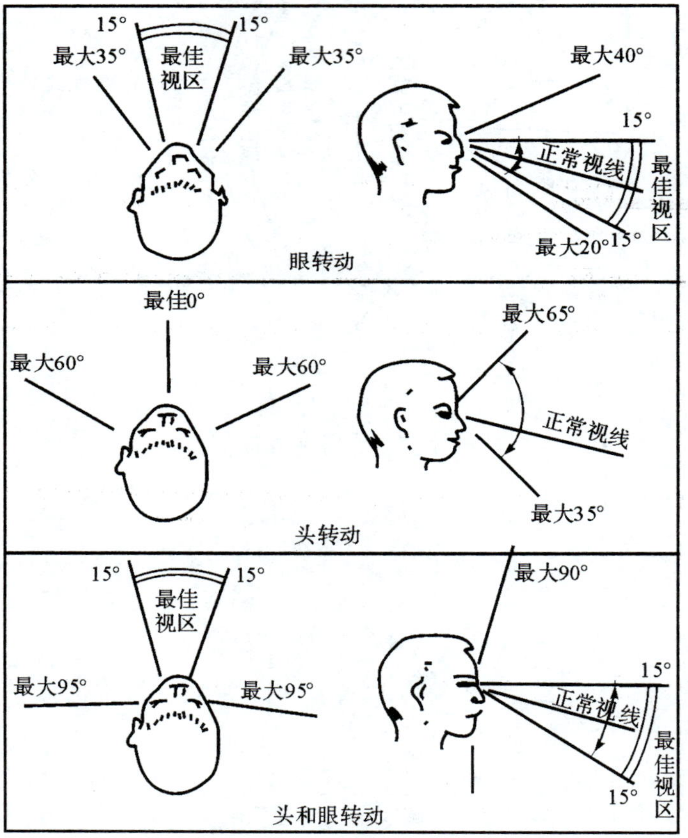

图 2-4　不同条件下人眼视野范围

(3)色觉视野。在同一光照条件下,用不同颜色的光测得的视野范围不同。白色视野最大,黄、蓝色次之,再次为红色,绿色视野最小。这表明不同颜色的光波被不同的感光细胞所感受,而且对不同颜色敏感的感光细胞在视网膜的分布范围不同。人感受不同颜色的视野范围如图 2 - 5 所示。

表 2 - 3　不同视区的空间范围及辨认效果

视区	范围		辨认效果
	铅垂方向	水平方向	
最佳视区	上 15°，下 15°	左 15°，右 15°	在短时间内能辨认清楚形体
有效视区	上 65°，下 35°	左 60°，右 60°	需集中精力才能辨认清楚形体
最大视区	上 90°，下 75°	左 95°，右 95°	可感到形体存在，但轮廓不清楚

注：飞行员正常视线为 0°视线。

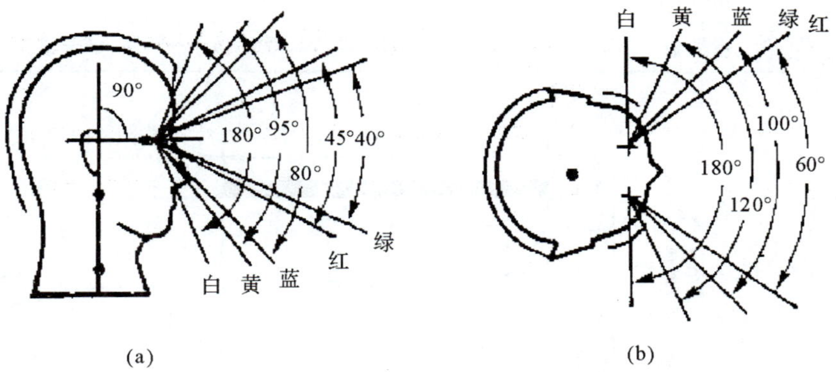

图 2 - 5　色觉视野范围

(a) 水平方向上的色觉视野；(b) 垂直方向上的色觉视野

(4)视距。视距是指人在操作系统中正常的观察距离。一般操作的视距范围是 38～76 cm，在 58 cm 处最为适宜。视距过远或过近都会影响认读的速度和准确性，而且观察距离与工作的精确程度密切相关，因而应根据具体任务要求来选择最佳的视距。推荐使用的几种工作的视距见表 2 - 4。

(5)暗适应和亮适应。当人们在光亮处停留一段时间后，再进入暗室时，开始觉得视觉感受性很低，然后才逐渐提高，经过 5～7 min 才能逐渐看清物体，大约经过 30 min 眼睛才能基本适应，完全适应大约需要 1 h。这种在黑暗中视觉感受性逐渐提高的过程叫做暗适应；当人从黑暗处到光亮处时，也有一个对光适应的过程，称为亮适应。亮适应在最初的 30 s 内进行很快，1～2 min 就能基本完成，暗适应和亮适应曲线如图 2 - 6 所示。

表 2-4　几种工作视距的推荐值

任务要求	举　例	视距 cm	固定视野直径 cm	备　注
最精细的工作	安装最小部件（表、电子元件）	12～25	20～40	完全坐着，部分地依靠视觉辅助手段
精细工作	安装收音机、电视机	25～35 （多为 30～32）	10～60	坐着或站着
中等粗活	印刷机、钻井机、机床旁工作	50 以下	至 80	坐着或站着
粗　活	包装、粗磨	50～150	30～250	多为站着
远　看	看黑板、开汽车	150 以上	250 以上	坐着或站着

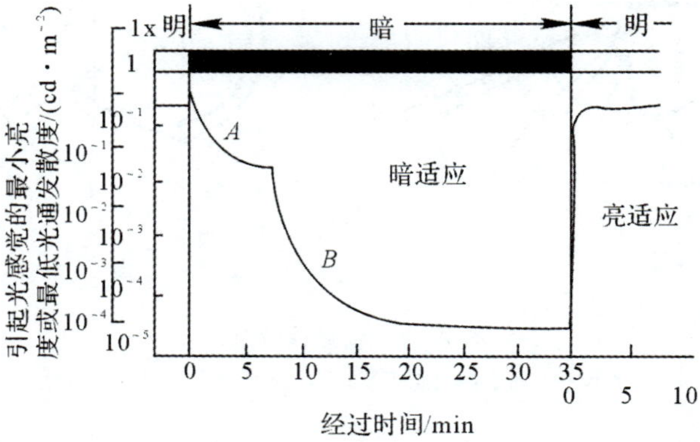

图 2-6　暗适应和亮适应曲线

视觉虽然具有亮暗适应的特征，但是亮、暗的频繁变化需要眼睛频繁调节，不能很快适应。这不仅增加了眼睛的疲劳，而且观察和判断容易失误，从而导致事故的发生。因此，要求工作面的亮度均匀，避免阴影；环境和信号的明暗差距变化平缓。

(6)对比感度。当物体与背景有一定的对比度时，人眼才能看清物体形状，这种对比可以用颜色也可以用亮度。人眼刚刚能辨别物体时，背景与物体之间的最小亮度差称为临界亮度差。临界亮度差与背景亮度之比称为临界对比。临界对比的倒数称为对比感度。对比感度与照度、物体尺寸、视距和眼睛的适应情况等因素有关。在理想情况下，视力好的人，其临界对比约为 0.01，也就是其对比感度达到 100。

(7)视错觉。视错觉是人观察外界物体形象和图形时所得的印象与实际形状和图形不一致的现象。这是视觉的正常现象。人们观察物体和图形时，由于物体或图形受到形、光、色干扰，加上人的生理、心理原因，会产生与实际不符的判断性视觉错误。

(8)视觉运动规律。

1)眼睛沿水平方向运动比沿垂直方向运动快而且不易疲劳，一般先看到水平方向的物体，后看到垂直方向的物体。

2)视线的变化习惯为从左到右、从上到下和顺时针方向运动。

3)人眼对水平方向尺寸和比例的估计比对垂直方向尺寸和比例的估计要准确得多。

4)当眼睛偏离视中心时，在偏移距离相等的情况下，人眼对左上眼的观察最优，依次为右上眼，左下眼，而右下眼最差。

5)两眼的运动总是协调、同步的，在正常情况下不可能一只眼睛转动而另一只眼睛不动，在操作中一般不需要一只眼睛视物而另一只眼睛不视物。

6)人眼对直线轮廓比对曲线轮廓更易于接受。

7)颜色对比与人眼辨色能力有一定关系。当人们从远处辨认前方的多种不同颜色时，其易于辨认的顺序是红、绿、黄、白。当两种颜色相配在一起时，易于辨认的顺序是黄底黑字、黑底白字、蓝底白字、白底黑字等。

3. 操纵力特性

在执行各项任务的过程中必须施力才能完成作业，力量的大小因需要而定，不同的个体具有不同的力量。如果操作需持续较长的时间，就涉及对人体力量的需求。根据施力部位，可将人体力量分为手部力量、脚部(含腿)力量、背部力量和颈部力量等。在驾驶舱中飞行员的操作动作一般都是由手和脚完成的。

(1) 手部力量。

手的操纵力：手的操纵力与作业姿势、用力方向等因素有关。

1)坐姿时手操纵力：图 2-7 所示为坐姿时不同角度的臂力测定。坐姿手操纵力的一般规律为，右手力量大于左手；手臂处于侧面下方时，推力和拉力都较弱，但其向上和向下的力较大；向内的力大于向外的力。表 2-5 为不同坐姿角度上测得的臂力数据，这些数据一般健康的男子都可以达到。因此，根据这些数据设计的操纵装置适合绝大多数男子的操纵力。但在实际操纵器设计中，要考虑女性使用者的力量限度，操纵力应适当减小。

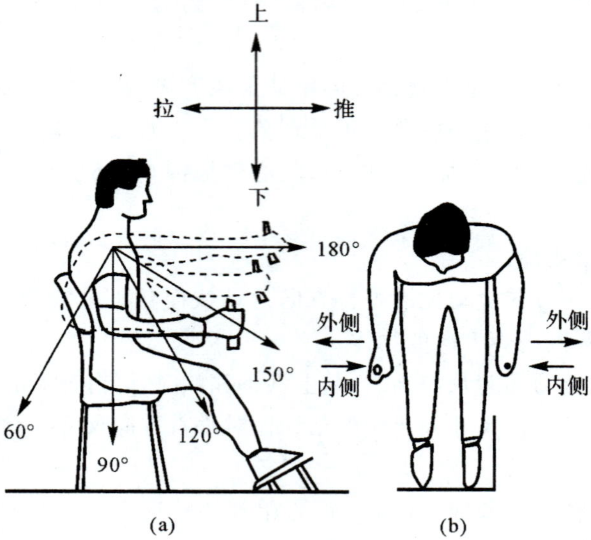

图 2-7 坐姿工作时手臂操纵力测试图
(a) 侧视图；(b) 俯视图

表 2-5 不同坐姿角度上测得的臂力

手臂的角度/(°)	拉力/N						推力/N					
	向后		向上		向内		向前		向下		向外	
	左手	右手	左手	右手	左手	右手	左手	右手	左手	右手	左手	右手
180	516	534	182	191	191	222	560	614	155	182	133	151
150	498	542	231	249	209	240	493	547	182	209	129	146
120	418	462	240	267	199	235	440	458	226	258	133	151
90	356	391	231	249	213	222	369	382	218	235	146	164
60	270	280	195	218	220	231	356	409	204	226	142	186

2)立姿手臂的操纵力。如图 2-8 所示，给出了手臂处于不同方位和角度时的最大拉力和推力。由图可知，手臂最大拉力在肩的下方 180°的方向上；最大推力在肩上方 0°的方向上。伸直前臂时，向前推的力略大于向前侧面推的力。推拉形式的控制器应尽量布置在有利于发挥最大操纵力的位置上。利用手柄操纵时，操纵力的大小与手柄距地面的高度、操纵方向、操纵手等因素有关，要根据操作时的

实际情况选用最适宜的操纵力数据。

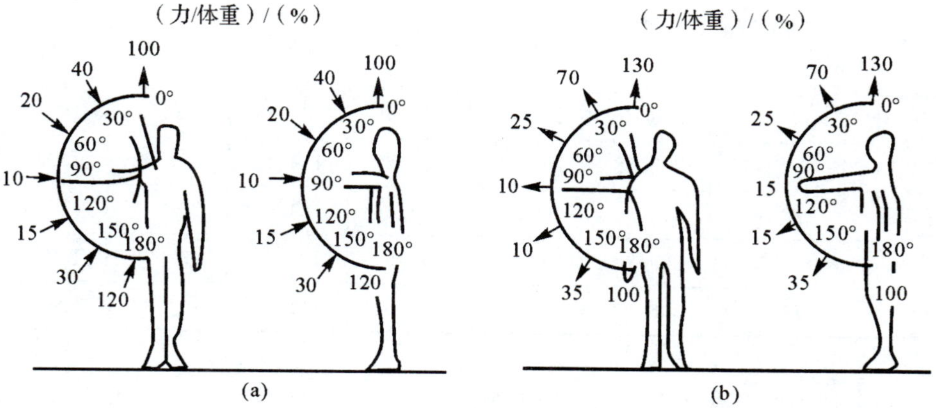

图 2-8　立姿操作时手在各角度的操纵力与体重的比值

（a）最大拉力；（b）最大推力

3）卧姿时臂力测定。图 2-9 所示为卧姿时不同肘角伸臂的臂力测定，表 2-6 为卧姿时不同肘角时的最大臂力。

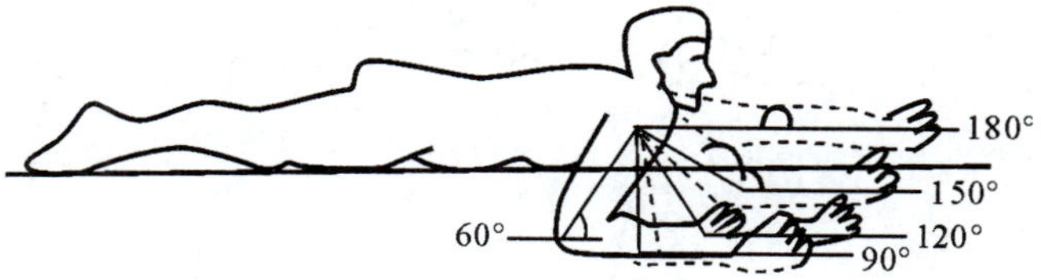

图 2-9　卧姿时不同肘角伸臂的臂力测定

表 2-6　卧姿不同肘角时手臂最大操纵力　　（单位：N）

手型	用力方向 肘角	推	拉	向左	向右	向上	向下
左手	60°	231.28	253.82	106.82	197.96	155.82	133.28
	90°	240.1	294.0	89.18	178.36	178.36	138.18
	120°	280.28	334.18	89.18	169.54	178.36	139.18
	150°	289.1	311.64	89.18	150.92	138.18	124.46
	180°	297.92	271.46	89.18	138.18	80.36	111.72

续 表

手型	用力方向/肘角	推	拉	向左	向右	向上	向下
右手	60°	294.0	271.46	217.56	133.28	192.0	150.92
	90°	285.18	234.38	204.82	124.46	231.28	159.74
	120°	324.38	382.2	213.64	124.46	222.46	155.82
	150°	329.28	360.64	199.92	124.46	182.28	150.92
	180°	306.74	306.74	164.64	111.72	101.92	128.38

4)常见手部操纵动作及其力量极限。人体力量存在着很大的个体差异,有些操纵力要求可能只适合一部分个体,制定一个适合于所有个体的操作力量标准是不容易的。但是可以为特定的工作场合确立一个大多数个体都能达到的力量界限,将那些无法达到该要求的个体筛选出该工作。如图 2-10 所示为常见手部操作动作及其力量极限推荐值。

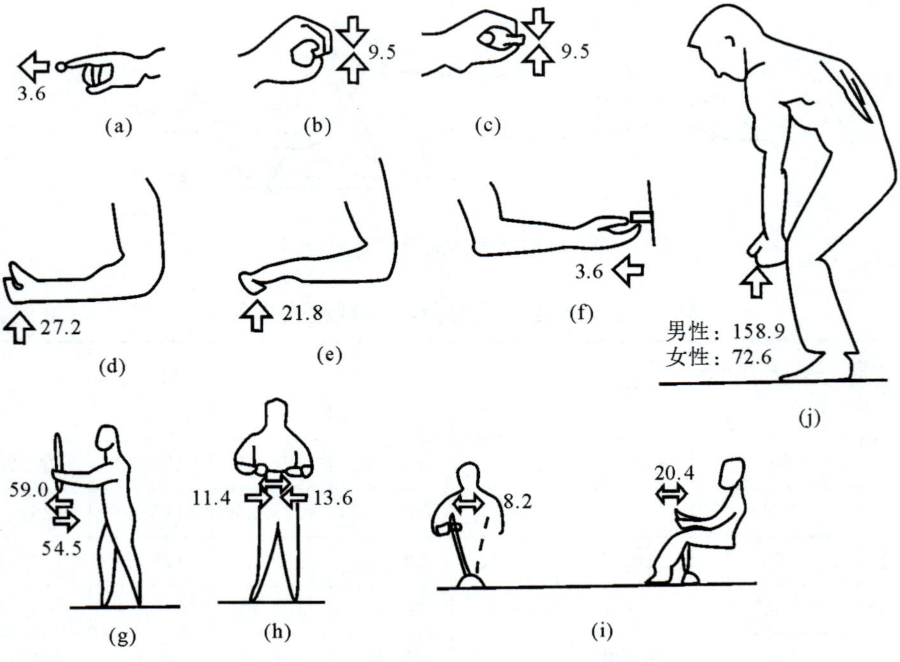

图 2-10　常见手部操作动作及其力量极限推荐值(单位:N)

(2)脚部力量。在作业中,用脚操作的情况也是很多的。如汽车的离合器踏板、刹车踏板、冲床和空气锤的脚踏板控制装置等。

脚产生的力的大小与下肢的位置、姿势和方向有关。下肢伸直比下肢弯曲时脚产生的力大,有靠背支持时,脚可产生最大的力;立姿时脚用力比坐姿时大。一般坐姿时,右脚最大蹬力平均可达 2 568 N;膝部伸展角度(即膝关节间夹角)在 130°～150°或 160°～180°时,脚蹬力最大。一般来说,右脚脚力大于左脚;男性脚力大于女性脚力。脚力控制器的操纵力最大不应超过 264 N,否则人易疲劳。对于需要快速操纵的踏板,用力应减少到 20 N。右脚用力的大小、速度和准确性都优于左脚,操作频繁的作业应考虑双脚交叉作业。

脚产生的操纵力通常是以压力的形式出现的,压力的大小与脚离开人体中心对称线向外偏转的程度有关,如图 2-11 所示。

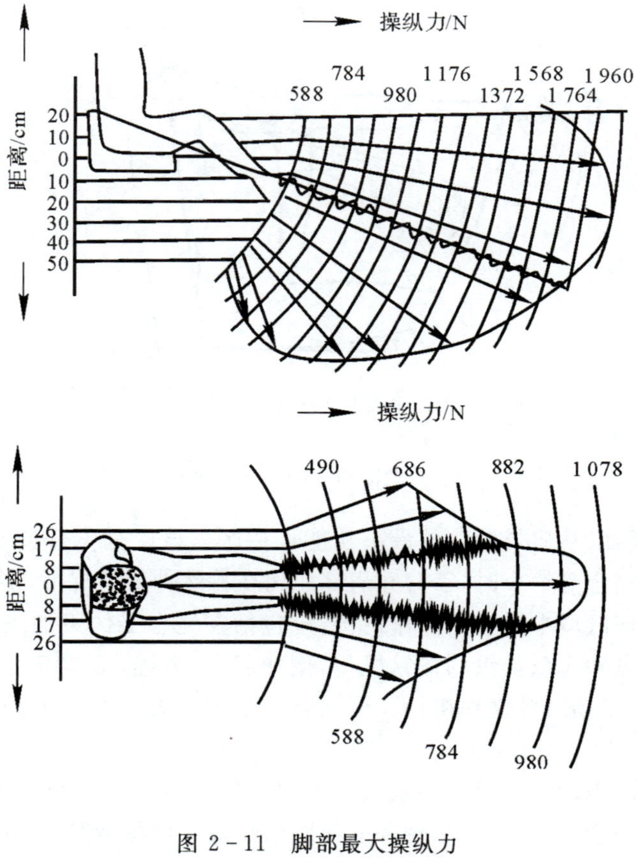

图 2-11　脚部最大操纵力

4. 可达域(活动范围)

民机驾驶舱内的操纵机构应在规定的人体尺寸范围内所有飞行员都可以达到和使用。应使 P_{50} 飞行员处于最合适的位置;应至少使 $P_5 \sim P_{95}$ 的飞行员便于操作;应保证 $P_1 \sim P_{99}$ 飞行员均能安全操作。对于可达性的详细要求,GJB 35A—93 和 MIL-STD-1333B 中对可达性进行了如下划分,如图 2-12 所示。

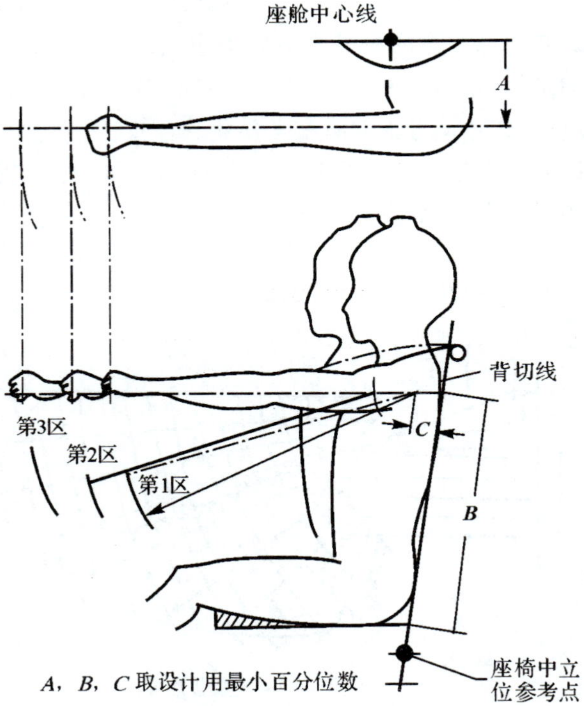

图 2-12　手臂活动范围——最小百分位数

(1)第 1 区:限动肩带锁住的最小功能可达区。该区是飞行员处于设计眼位,佩戴装备并在完全受约束时,手臂和肩部肌肉在自然伸展情况下,能够达到和操作的功能区域。该区域中布置的操作机构,应包括在完全受约束的飞行阶段中飞行员需要频繁操纵和应急操纵的操纵机构,例如起飞、着陆、低空高速飞行等飞行阶段中操纵飞机、发动机等操作机构。该区还规定了主要飞行和发动机操纵机构的最前行程极限。

(2)第 2 区:限动肩带锁住的最大功能可达区。该区是飞行员处于设计眼位,佩戴装备并在完全受约束时,手臂和肩部肌肉在最大伸张情况下,能够达到和操作的功能区域。该区布置应急操纵机构。

(3)第 3 区:限动肩带不锁住的最大功能可达区。该区是飞行员处于设计眼位,限动肩带不锁住,手臂和肩部肌肉在最大伸张情况下,能够达到和操纵的功能区域。

2.1.3 数字化三维飞行员人体模型

目前已开发的数字化三维人体模型主要有两类,一类是人机工效评价专用的人体模型,如 JACK,CREW CHIEF 以及 COBIMAN 等,另一类是三维建模软件自带的人体模型,如 UG NX, CATIA,DELMIA 等。数字化人体模型可以生成任意人体百分位数的人体模型,在计算机辅助设计阶段协助确定人机界面的主要尺寸,包括踏板、操纵杆、仪表以及控制按钮等零件的布置位置,并可以进行可达性和可视性的合理性评价。本书主要对常用的人机工效评价中的人体模型进行简单的阐述。

1. JACK 软件中的人体模型

该软件最初由宾夕法尼亚大学开发,现在属于 EDS 下 e - factory 解决方案中的产品。JACK 人体模型的人体测量数据源自 1988 年美国军方人体测量调查结果(ANSUR 88)。人体模型包含 68 个关节点,69 个节段,135 个自由度,脊柱有 17 段,手有 16 段,有逼真的肩膀/锁骨关节模型。JACK 软件中建立的中国飞行员人体模型如图 2 - 13 所示,建模数据是在 GJB4856—2003 的基础上,采用数学方法计算补充得到的。

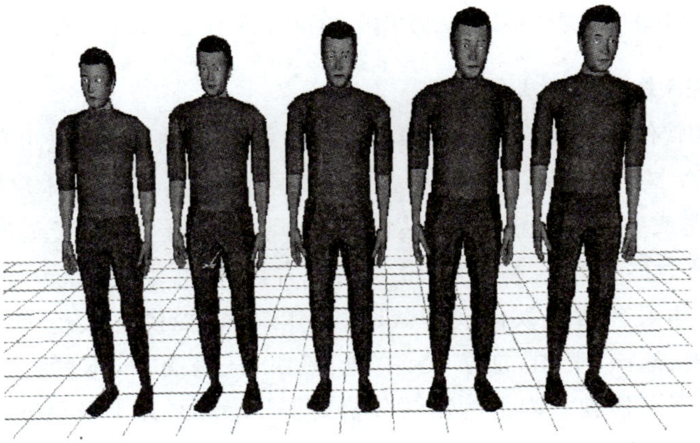

图 2 - 13 JACK 软件中建立的中国飞行员人体模型(数据源自 GJB4856—2003)

2. CATIA/DELMIA 软件中的人体模型

CATIA 软件平台是达索公司的数字化平台解决方案，其人机工效仿真与评价模块提供了强大的人体建模功能，其人体测量数据库包括了美国、加拿大、日本、韩国等国家人体测量数据，这些数据与中国人体模型数据存在差异，为了能够比较精确地进行工效分析，必须以国军标 GJB4856—2003《中国男性飞行员人体尺寸》中飞行员基础项目和推荐项目数据为基准，建立符合中国飞行员人体测量数据的人体模型。

CATIA/DELMIA 中建立的中国飞行员人体模型如图 2-14 所示。

图 2-14　CATIA/DELMIA 中建立的中国飞行员人体模型（数据源自 GJB4856—2003）

3. RAMSIS 软件中的人体模型

RAMSIS 软件由德国 THCMATH 开发，可以单独使用，也可作为一个模块嵌入到 CATIA V4 或 CATIA V5 中。其工效分析工具包括人体建模、动作仿真、姿势计算、创建或导入产品模型、可达性分析、动画、镜子仿真、安全带分析、舒适性分析、距离分析、净空分析、关节角、最大操作力计算（手、臂系统）等。新版本又新增加了飞行员和乘客两类人体模型。RAMSIS 模型提供了大范围的人体测量数据库，包括德国、法国、美国、加拿大、中国、墨西哥、南美、日本/韩国等。RAMSIS 模型主要用于汽车驾驶室内部的工效分析，世界上 70%以上的汽车产品都在使用它进行工效分析，其应用范围正在不断扩大。RAMSIS 软件中的人体模型包括皮肤和肌肉骨骼模型，模型更真实，其中包括 1 200 个皮肤点。

4. SAFEWORK 软件中的人体模型

加拿大蒙特利尔 Ecole 理工大学工业工程系的研究人员在 Windows 环境下

开发了人机系统分析软件 SAFEWORK。其人机工效分析工具包括建立人体模型、任务仿真、视觉分析(仿真盲点,可调整视野、焦距等属性)、虚拟现实、姿势分析、可达性分析、人的绩效分析、举升/放下/搬运分析、推拉分析等。该模型有 104 个人体测量学参数,100 个关节点,148 个自由度,逼真的手、脊骨、肩模型。SAFEWORK 拥有多个人体测量数据库,几乎覆盖了全世界的人体测量学数据,因此应用范围非常广泛。

2.2　飞行员认知特性

2.2.1　认知理论

目前认知心理学家主要采用两种取向研究人的心理过程:信息加工和联结主义取向。信息加工取向的认知建模主要采用信息论和信息加工理论研究人如何注意和选择信息,对信息的认识、记忆,利用信息制定决策、指导外部行为等。信息加工方法着重从信息方面来研究系统的功能,认为系统借助于信息的获取、传递、加工和处理,以实现它的运动,因此通过对系统所含的信息过程进行定性和定量分析,建立反映系统运动规律的信息模型,从而认识它的工作机制。依据信息加工理论,人的认知分为感觉、知觉、注意、记忆与学习、决策和思维、作动等多个加工阶段。信息从外界环境输入到人的视觉、听觉、触觉、本体感觉等感觉器官,经过一系列信息加工,注意、记忆、决策、思维等,最后输出动作。图 2－15 所示是人的信息加工过程。认知过程是以系列和序列的方式进行的,具有信息的描述、循环分解、流程的连续性、流程的自动性和物质的具体性等 5 点特征。信息加工阶段模型汲取了控制论、信息论和系统论的精华,使人们能从环境到心智,又从心智到环境的信息流中来分析问题,使心智问题具有实验上的严密性和理论上的一贯性的特点,但其机械性的缺陷也十分明显。

传统的人因学研究主要采用实验和实测的方法来获得人的外部表征,以参数或公式的方式呈现某些规律特性,即环境输入给人体的参数,人输出给环境的反应,但人的大脑内部如何对环境输入进行加工并输出的,鉴于人类伦理道德,不可能直接对人体进行深入的实验,因此我们无从探知。为了探索人的内部思维机理即信息处理加工过程,认知心理学家采用计算机模拟和类比的方法,把某种认知理论表现为计算机程序就叫认知建模。因此,采用计算机模拟的方法可以用来检验某种理论,发现其缺陷,从而加以改进。要使计算机像人那样进行思维,计算机的程序就应当符合人类认知活动的机制,即符合某种认知理论或模型。

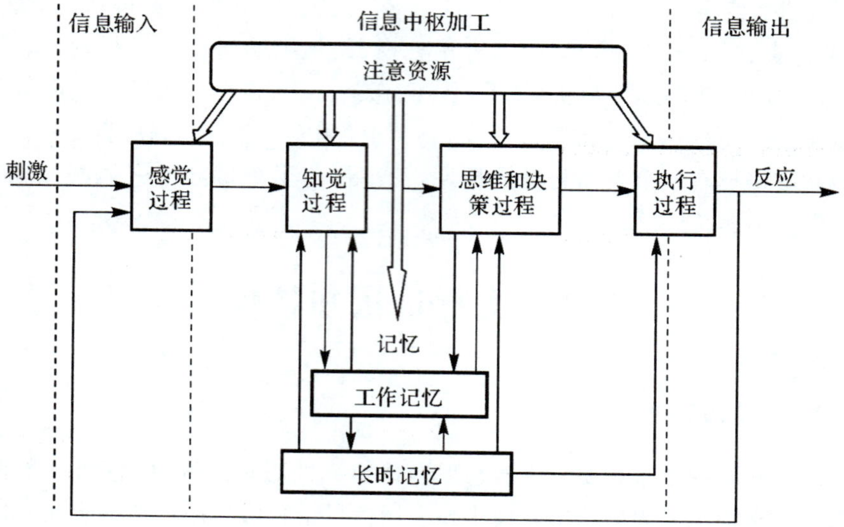

图 2-15 人的信息加工阶段模型

1976 年,杰出的人因学研究者 Sheridan 和 Rasmussen 呼吁将技术系统中人的性能建模从人工控制行为转移到认知行为。起因是自动化与界面技术矗立在人与控制系统之间,已经扮演了一个日益强大的中间角色。飞行员的感知输入不再直接是原始数据,而是技术界面处理过的信息,飞行员变为超控(supervisory control)。这就引发了两个新问题:其一,面对高度自动化的系统,飞行员怎样监视、操作,或者说怎样交互——即所说的“监视控制”;其二,飞行员怎样运用来自技术界面的、经过处理的信息来诊断、应对他面对的系统故障和外部环境扰动。Bruner 认为这要求飞行员在监控和故障处理任务中具备“超越所提供信息”的能力,而且对这种能力的需求越来越多,即飞行员的认知能力。如何把飞行员的一系列认知行为,如决策、注意、记忆、规划、解决问题等加入到人的性能建模中,对飞行员认知层面的能力进行定量的阐述,这是认知模型发展的一个挑战。

2.2.2 认知模型

认知模型是人类认知过程的计算机表征模型。所谓认知,通常包括感知与注意、知识表示、记忆与学习、语言、问题求解和推理等方面。建立认知模型的技术常称为认知建模,目的是为了从某些方面探索和研究人的思维机制,特别是人的信息处理机制,同时也为设计相应的人工智能系统提供新的体系结构和技术方法。

认知模型又称之为认知架构(architecture in cognition),是指作为认知科学的概念、方法和数据基础的一种“组织性的框架”。目前没有统一或公认的界定方法。现代认知派关于认知模型的研究，趋向于采纳两种不同的模仿认知的观点。其一是产生式系统取向，它以产生式规则为基础，以 John K. Anderson 等人的 ACT-R 和 Allon Newell 的 SOAR 为代表。这种模型也可看做是一种符号系统；另一种是联结主义取向，又称为神经网络或平行分配过程模型(PDP)，以 McClelland 以及 PDP 研究小组为代表。每一个模型都是从某个方面对人的认知进行模拟，各有各的优势。认知模型又分为认知子领域的局部模型、统一认知模型和计算机智能体。局部架构用计算机模拟人类认知的某一方面，统一认知模型可以近似地模拟人的全部认知行为。

20 世纪 80 年代出现了各种各样的认知体系架构，这对认知体系建模帮助很大，原因在于使用这些架构作为基本的限制，为使所建模型达到较好的结果，并使辅助认知建模规范化，这些体系架构提供现成的工具和理论的依据。然而，这些体系也使不同的理论体系产生了不同的理论差异，由于受不同理论的支撑必然会对认知模型的特性产生重要的影响。认知领域的建模研究工作，包括 Just 和 Carpenter 开发了 3CAPS(Concurrent, Capacity - constrained, Activation - based Production System)用于语言综合能力建模和问题解决，主要特征是工作记忆能力中的个性的不同表现，工作记忆能力越强，综合语言能力也越好，在 3CAPS 中，工作记忆组织在一个联结的网络中，用活动水平来测量知识，生产触发活动流程的控制。模型的典型校验方法是比较阅读任务中的人的数据和 3CAPS 模型数据；1997 年 Meyer 与 Kieras 基于 GOMS(Goals, Operators, Methods, Selection Rules)建立了 EPIC(Executive Process Interactive Control)局部认知体系架构，能够实现多任务执行的计算建模。EPIC 较早致力于感知处理和认知过程关系的解释。包含在 EPIC 中的感知处理器包括视觉传入、视觉感知、听觉感知和触觉。EPIC 也阐释了具有操作运动、听觉运动和视觉运动的运动处理。EPIC 主要使用如反应时间这样的指标来度量知识。

1. SOAR

SOAR(State Operator And Result)由 Allon Newell 等人 1986 年开发，称之为“通用智能的一种框架”。Allon Newell 相信存在着认知和智能的通用性理论。SOAR 主要讨论了知识、思考、智力和记忆，是一个应用范围非常广的认知结构。概念＋事实＋规则构成了人类的知识，并存放在人的大脑中，因此大脑实际上就相当于一个存放大量知识的“知识库”。Baddeley 认为工作记忆指的是一种系统，它为复杂的任务，比如言语理解、学习和推理等提供临时的储存空间和加工时所必需的信息，工作记忆系统能同时储存和加工信息，这和短时记忆概念仅强调储存功能是不同的。

SOAR 就是以上面的概念为基础开发研制出来的，它实现了短时记忆的功能，并且很好地使概念、事实、规则有机结合在一起。SOAR 具有精致的架构保证知识的获得和有效的信息处理。所有的任务被形式化为所指的“问题空间”是什么。例如，决策元素可以包括现在的状态和通过它可以达到期望状态的方法。通过自动的子目标机制严格地产生目标。子目标机制是 SOAR 学习能力的主要元素。SOAR 把长时记忆简单储存为规则，而不区分陈述性知识和程序性知识。长时记忆支持问题解决，如在决策中，规则可以帮助从选项中快速做出选择的长时记忆中回忆信息。SOAR 主要通过组块(chunk)获取知识，当 SOAR 开始一个任务和选择一个问题空间时开始学习过程，在问题空间内，可以选中活动操作来改变当前状态到期望的状态，如果一个独特的活动不能够得到，SOAR 就到达一个停顿(impasse)，直到停顿被解除后又生成更多的子目标，结果是作为规则(在人类认知中类似组块)被永久地缓存，这些规则储存了停顿解除的方法。因此，当设置同样的未来目标时，不需要生成子目标储存的规则就可以触发，这使 SOAR 具有更有效的性能。

SOAR 的精致的架构使其有效性很好，在设计方面具有广泛的应用。尽管从应用的观点看特性简化具有优势，然而这限制了认知计算建模的使用范围。

2. ACT－R

ACT－R(Adaptive Control of Thought－Rational) 1976 年由 Anderson 首次提出，1982 年出现第一个 ACT－R 工具，以后 ACT－R 在理论和工具开发方面得到进一步发展，先后发布 ACT，ACT－R，ACT－R 2.0，ACT－R 3.0，ACT－R 4.0，ACT－R 5.0 ，ACT－R 6.0 等软件版本，并且实现对不同操作系统平台的支持。ACT－R 区别于同类其他理论的重要特征之一是已有的大量实验信息可以直接被研究工作使用，这为很多研究工作提供了好的研究环境。ACT－R 在认知心理学研究领域的学习与记忆、预测与注意、语言与交流、个体情感、解决问题与决策、认知开发等得到普遍应用的同时，在其他不同的领域都得到成功的应用，如人机交互中用户模型的界面评估，教育领域中的认知教学，神经科学的 BOLD 响应的预测，神经映像的解释等。

ACT－R 是一种认知行为体系结构，是关于人类认知过程工作机制的理论模型，研究目的在于最终揭示人类组织知识，产生智能行为的思维运动规律。表 2－7 是 ACT－R 模型与信息加工阶段模型的比较。ACT－R 综合了 Salvucci's 的 EMMA(Eye Movements and Movement of Attention)系统，EMMA 基于大量的眼动阅读控制模型，特别是 E－Z 阅读模型。在 EMMA 中，收到注意转移的请求，到产生信息块表征视觉目标位置的时间，依赖于请求注意的位置和当前注视点的位置偏移。这种理论认为眼动随着注意转移，使视觉作动系统 ocular - motor 产生一个趋向目标的动作。

表 2-7　ACT-R 模型与信息加工阶段模型比较

信息加工阶段模型	ACT-R 模型
感觉（视觉，听觉，触觉，味觉，本体感觉）	视觉，听觉
感觉记忆（又称瞬时记忆）	感觉模块缓冲区
知觉过程（任务相关的上、下文信息）	想象模块
注意（动机、意图）	目标模块
工作记忆	各模块缓冲区
长时记忆	陈述性记忆模块
思维与决策过程	中央执行系统
作动（说话，手动，脚动，其他肢体动作）	手动，说话

ACT-R 通过编程实现特定任务的认知模型构建，研究人员利用 ACT-R 内建的认知理论再加上特定任务的必要的假设和知识描述构造特定任务的 ACT-R 认知体系模型如图 2-16 所示，通过对模型结果和实验结果的比较，验证模型的有效性，再利用符合人类认知行为的模型指导工作，从而实现希望的任务预测、指导和控制的目的。

ACT-R 可以对人进行闭环建模，它的系统输出是人行为的时间序列，这些行为是低层面的行为，有视觉注意的转换、按键、脑内运转，如简单事例的回想等。为了达到这个目标，ACT-R 中必须有知识和环境。对于 ACT-R 的输出，环境必须能够动态响应，因而环境必须被高度逼真地模拟。知识则必须能够支持 ACT-R 完成对一个在特定环境中人的模拟。

2.2.3　HPM 模型

人本模型（Human Performance Models，HPMs）技术已经发展到了相对成熟的水平，航空安全研究和系统设计人员认为这种技术是进行军械设计、分析和评估的重要工具。将 HPMs 用在人在环（HITL）的仿真中，能帮助研究和设计人员评估新的飞行显示器、自动控制系统、操作系统和应用程序，并确认那些可能提高安全和效率的候选设计方案，也能清除那些有潜在隐患的候选设计方案。

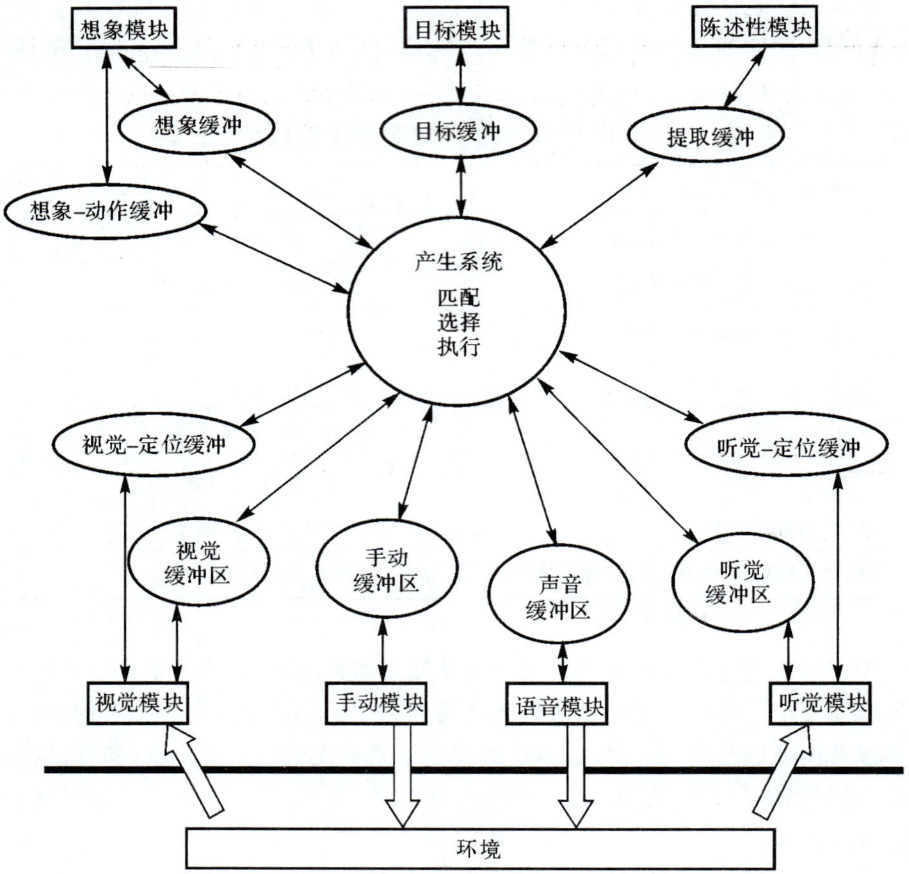

图 2-16　ACT-R 模块组成

美国国家航空航天局的人的认知和操纵能力的仿真项目(NASA Human Performance Modeling,HPM)应用了5种不同的建模方法来解决两个航空领域的难题:飞行操作中发现的飞机滑行时的导航失误以及合成视景系统的设计和评估。NASA HPM计划中的5种建模方法中的每一个都具有仿真复杂飞行环境的能力,在仿真模型中将飞行员构建为一个认知部件,与飞机的各种状态参数之间进行交互。

该计划包括如下5个人的性能建模工具:

·理性思维自适应控制(Adaptive Control of Thought-Rational,ACT-R);

·融合ACT-R的改进的人的能力仿真集成系统/(Improved Performance Research Integration Tool/ACT-R hybrid ,IMPRINT/ACT-R);

· 航空人机综合设计与分析系统(Air Man - Machine Integration Design and Analysis System, Air MIDAS);

· 分布式操作人员模型架构(Distributed Operator Model Architecture, D - OMAR);

· 注意-情景感知(Attention - Situation Awareness ,A - SA)。

1. ACT - R

ACT - R 在前面已经作为认知模型讲述过,但是此处重点介绍在 HPM 项目中工程化的模型。就 NASA HPM 项目而言,ACT - R/PM 可模拟机场跑道的导航操作。ACT - R 5.0 与某型飞机的飞行仿真软件包集成,可以高保真地表征飞行员与飞机之间交互的闭环行为,也可以对合成视景系统(SVS)进行模拟。

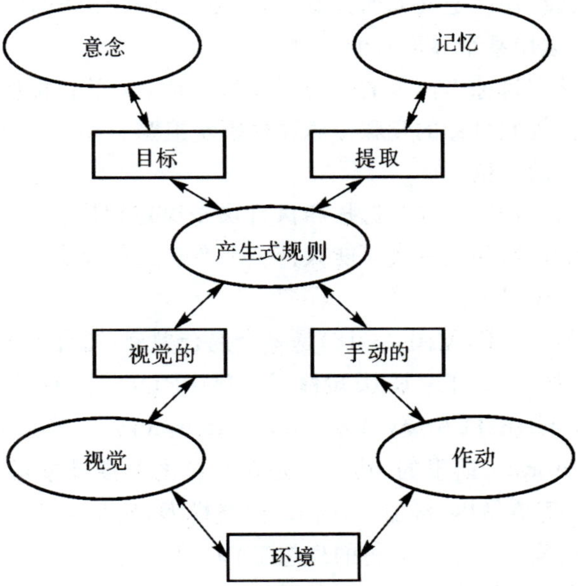

图 2 - 17　ACT - R 5.0 框架结构图

Anderson 等人创建了 ACT - R 5.0 的理论体系。图 2 - 17 为 ACT - R 5.0 的框架结构图。图中的每个方框代表一个独立的单元,每个单元表示一组特定的认知过程以及支配这些过程的大脑的相应区域,ACT - R 的 3 个单元分别为模块、缓冲区以及中央产生式系统,它们集成在一起体现了一种统一综合的认知理论体系。简明地说,模块用来代表不同类型的信息,诸如目标和陈述性记忆,每个模块都有一个关联的缓冲区,存储一个陈述性知识单元,称为“组块”,“组块”和中央产生式系统进行双向交流。中央产生式系统代表程序性记忆(也就是技能或程序性记忆),检测这些缓冲区的模式来确定下一步做什么。这样,中央产生式系统通过缓冲区完成自身和模块之间的协调。

虽然图 2-17 没有描述全部的 ACT-R 模块和缓冲区(例如,没有描述语音和听力的基本模块),但被描述的模块是 ACT-R 5.0 的核心。

陈述性模块定义了从陈述性记忆检索信息的方法。基于该组块的以往的经验以及当前内容与组块的相关性,模块定义了检索每个组块的概率与时间。检索的缓冲区储存了来自于陈述性记忆的当前组块。

视觉模块识别视野中的物体。有两个视觉缓冲区——一个跟踪物体的位置,另一个用于保存识别物体的过程——视觉科学家将其相应地称为“where”和“what”,用来描述人的视觉处理过程。

手动模块及其缓冲区定义如何控制手,特别是每个作动的结果和时间序列的详细描述。比如,运用某个界面时的按键。

目标缓冲区保存目标当前步的轨迹。ACT-R 4.0 的目标栈已被现有的陈述性记忆机制代替。因此目标的步骤由陈述性模块追踪。ACT-R 5.0 的意念模块是一个对未来行为的占位。

中央产生式系统,通过匹配、选择和执行块来决定程序性记忆(也就是产生式规则)“下一步”的执行,并且一次只能执行一个产生式规则。

2. IMPRINT/ACT-R

IMPRINT/ACT-R(见图 2-18)是一个混合模型,结合了 IMPRINT 的高级任务网络建模能力与 ACT-R 认知体系。IMPRINT 是由“Micro Analysis & Design”为 ARL HRED(Army Research Laboratory —Human Research and Engineering Directorate)研发的,其目的是在系统的早期就能够对人的能力进行分析。IMPRINT 简单易用,再加上其任务网络模型,使得它成为将人的因素融合到对复杂系统的权衡和灵敏性分析的理想工具。但它不包括深入的认知或心理模型,它需要建模者自己创建并贯彻这些体系。在 IMPRINT/ACT-R 中通过与 ACT-R 的动态链接实现这些体系。

在 HPM 项目中,与 IMPRINT 集成的 ACT-R 版本是 ACT-R 4.0 与 ACT-R 5.0 的一个混合模型。混合模型中指定使用 ACT-R 5.0 体系描述陈述性知识与程序性知识的交互,总体上说就是采用多个缓冲集成的方法同步仿真人的心理行为。这个强化体系可以完成特定类型的学习,在决定顶层目标的效应时通过将子目标的成功或者失败反馈给目标栈来决定目标的效应。这种学习机制对 IMPRINT/ACT-R 团队探索飞行员寻找驾驶舱内有效信息的扫描行为是很必要的。

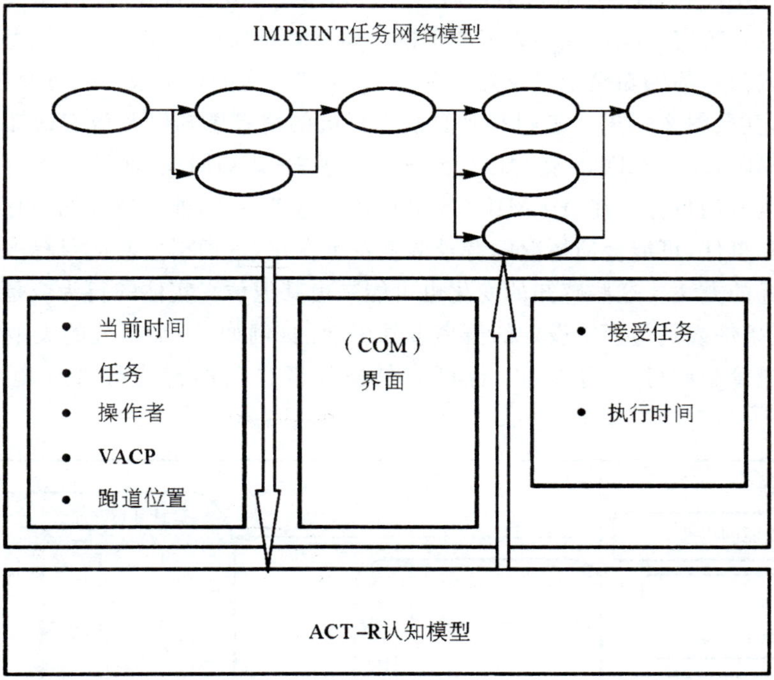

图 2-18　IMPRINT/ACT-R 框架

3. Air MIDAS

Air MIDAS 是为了辅助机组系统设计者由美国空军和美国宇航局机组人员/飞机综合项目于 1985 年开始联合研发的人机能力计算机表征。Air MIDAS 可在配有 Windows 2000 或 XP 操作系统的计算机上运行，并需要 Visual C++，Alegrocl 和 Java 软件的支持。

Air MIDAS 是可以评估复杂动态变化的航空及空中交通管制环境下人与系统交互的一种 HPM 模型。Air MIDAS 运用集成方式模拟人的能力，使用户能够仿真操作者、系统以及环境的物理特性和功能等方面，并且可以将这些模型集成起来进行交互和全事件仿真，以进行定量和定性的分析。Air MIDAS 具有构建、运行以及分析仿真的能力，在很多条件下可以进行操作者工作量和任务特性测量。在仿真期间，通过对系统或机器操作参数的观察可以获得特定场景下人-系统的效能。Air MIDAS 的输出支持目前或将来设备、程序和操作模式的评估。由于是 NASA HPM 的工程项目，Air MIDAS 集成了 NASA PC 飞机的飞行仿真软件包，此软件包提供高保真的环境，表征飞行员与飞机之间互动的闭环行为(反之亦然)。

Air MIDAS 的操作者行为是通过一系列用户指定的操作目标、完成任务所需的步骤以及特定的陈述性知识来驱动的。这些待证实的知识结构与模型内嵌的从外界获取信息的感知模型以及处理资源、记忆和行为的认知模型进行交互，并将其设置简化（见图 2-19）。通过得到真实飞行员的情景感知以及他们认知能力和身体上的局限，Air MIDAS 就可以得到他们的感知-认知周期，而这些飞行员总是能完成最紧急的目标。在 Air MIDAS 中和现实世界一样，外界感知的变化——出现新信息和事件，可能会使情况的背景调整发生变化，进而引发新的目标或改变实现当前目标的方法。这些感知的变化也可能是由其他仿真实体的行为或是用户指定的时间、条件或是仿真中设定的概率事件引起的（例如，一个系统的失败或接收到空中交通管制许可）。事实上，也可能是操作者自己的行为导致环境和目标的变化。

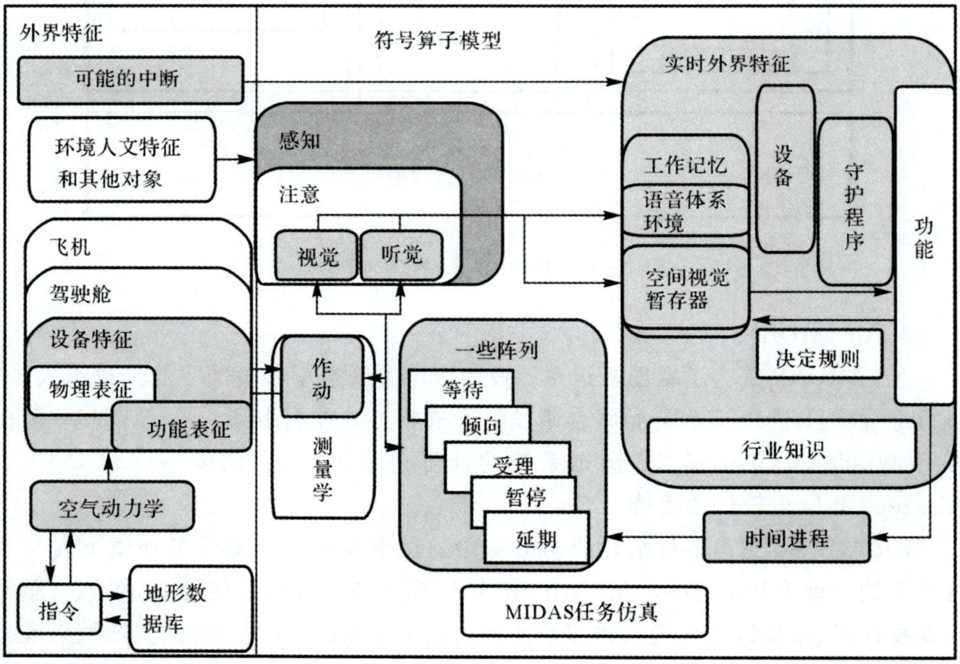

图 2-19 Air MIDAS 框架

这种自上而下和自下而上的过程复杂的相互作用意味着来自目标、知识以及操作者行业技能的行为流对构建环境中可用的感知信息以及外界事件的特征和时间都是很敏感的。通过复杂的人-系统模型中其他的构成要素与人的能力微模型的交互可以实现这个过程。总之，这使得 Air MIDAS 用户可以灵活地选择研究的重点，因为这些参数可以单独控制，或者为了获得操作者和系统的总体性能进行总体设置。

当 Air MIDAS 进行人的行为的详细模拟时，它的体系并不是 ACT－R 的“完整的认知理论”。Air MIDAS 系统获得并集成了其他许多独立研究中最好的人的行为模拟的方法。特别地，整个 Air MIDAS 研究计划并不强调整体架构验证，但该系统的各个独立的部分正确地表达了人的认知过程和认知机理的很多方面（例如，具体的工作记忆模式，独立感知和作动过程，注意过程）。Air MIDAS 并不侧重验证 ACT－R 意义上的统一架构，但非常侧重对模型输出的验证，为此研究团队花了大量的工夫来验证模型对空中交通管制的操作数据的预测。

4. D－OMAR

D－OMAR 是在美国空军研究实验室（AFRL）的赞助下由 BBN 科技开发的。D－OMAR 不是一个具体的认知体系，它提供了一个基于事件的模拟器和知识表征语言，这些都是定义人本模型体系和框架的基础。人本模型可实时或快速地在模拟环境中运行。设计 D－OMAR 知识表征语言是为了“人的多任务行为模拟”的团队成员在与复杂设备交互时更为协作。

形成基本创建模块的表征语言如下：

定义仿真中代理和客体的简单构造语言（SFL）；

定义代理和客体行为的仿真核心（SCORE）的程序语言。

D－OMAR 模型可以在许多通用的硬、软件环境中运行。它建立在 Franz Allegro LISP 基础上。D－OMAR 的用户界面部件、图形编辑器、浏览器、仿真控制面板以及时间序列显示器都是用 Java 语言编写的。外部模拟可以通过 HLA，CORBA 或简单的插件协议与 D－OMAR 互通。

图 2－20 为 D－OMAR 的架构示意图。外围是模型的基本感知和作动组成部分。该体系结构的核心是模拟大脑的感知、认知和作动中心的网络程序。建立网络程序的目的是实施模型的前摄议程和对撞击事件的渠道反应。建立基本的人的程序可以使模型具有像手眼协调完成操作杆的设置等能力。具体的行业目标和程序可以指导操作，例如进近和着陆阶段襟翼的设置顺序。

该模型的目标和程序网络构成了操作者程序性记忆和陈述性记忆。一个公开的协议使长时记忆和工作记忆条目在程序网络的结点间转移，并协调不同进程之间的操作。SCORE 语言构建在任务内必须同时进行的作动，如手眼协调行动以及客观的多任务模拟。由模型的前摄议程产生的大量行为以及由环境中的事件产生的大量行为将会竞争注意力。通过竞争机制确认并发执行的界限，也就是多任务操作的限制。

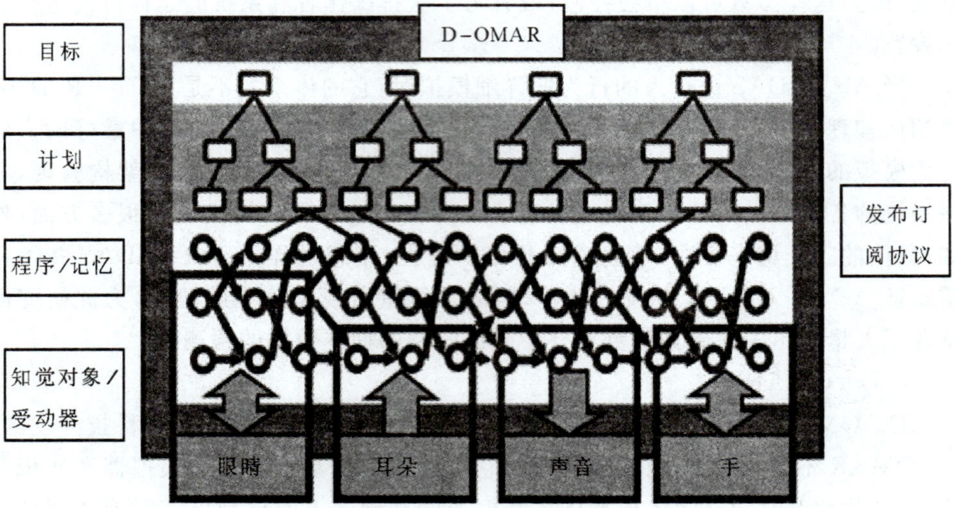

图 2-20 D-OMAR 架构

D-OMAR 模型中竞争机制是分层次进行的。在最低层次中，分配竞争任务的感知和作动资源。在进近时调整襟翼的主动任务，在视觉系统的许可下，将优先获得对周期性的仪表板扫描权，主要是因为主动任务比背景任务有更高的优先级。在这个层次上，获得感知和作动的资源的优先级决定着执行任务的先后顺序。相同的冲突解决机制在规则层也适用。当任务之间出现竞争时，基于规则的优先级决定下一行动。简单、明确的规则驱动行为的例子是控制者与驾驶舱之间的通信。当收到控制者的无线电信息时，飞机内工作人员之间的谈话立即终止。即便是针对另一飞机的，他们也要认真地听取该信息。同样的，驾驶舱与控制者之间的初始交流只有等线路空置之后，机组乘员开始讲话之前才可以进行。

5. A-SA

A-SA 模型预测飞行员注意力的分配和由此产生的情景意识(SA)。A-SA 不模拟完整的人的能力。例如，该模型并不集成操纵有关的现象(如飞行控制所需的必要任务)或低级的认知。A-SA 是典型有效的动态模型，但它可以嵌入到完整的 HPM 框架(如 ACT-R，Air MIDAS 或 D-OMAR)来预测情景意识中的失误，如在滑行跑道上转错弯。A-SA 起初更多的是针对航空领域，也被应用在高速公路驾驶中，并且只要分析者能够指定相关行业组成 SA 的经验数据，那么模型也可以应用到此领域。

A-SA 是由代表注意和信念更新的两个模块组成的(见图 2-21)。注意模块主要是描述事件之间以及驾驶舱内显示器之间的注意力分配，类似于 Endsley 的 SA 的第一阶段（感知）。信念更新模块描述的是对飞机当前和未来状态的理解，类似于 Endsley 的 SA 的第二和第三阶段（理解和推理）。

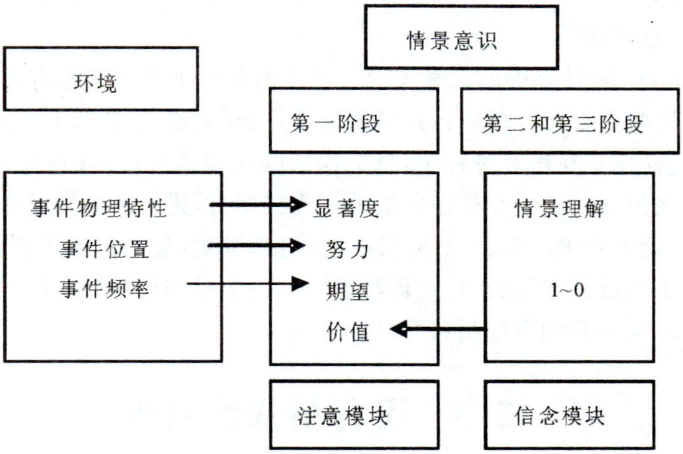

图 2－21　A－SA 框架

（1）注意模块。SEEV（显著性、努力、期望和价值）注意力分配模块是静态的分析模型。SEEV 预测关注某一特定显示器或飞机外视景（OTW）的概率以及可能的重要通道被忽略的概率。SEEV 是以下列假设为基础的。

飞行员注意力受两个因素的影响：

· 自下而上地捕捉显著的或重要的事件（视觉和听觉）；

· 自上而下地选择期望位置期望时间内有价值的信息。

抑制飞行员注意力的因素：

自下而上所需要的努力程度，包括转移注意力及执行并行认知任务所需要的努力。

（2）信念更新模块。基于信念更新的模块可以了解飞机现在和将来状态。只要遇到新信息，情景意识就会更新；SA 在 0～1 之间取值，取值为 1 时有最好的情景意识。通过新信息的取值和这些信息的注意力分配影响 SA。例如，值较大的正确信息会改进 SA，而值较大的不正确的信息会降低 SA。不管在哪种情况下，SA 是通过锚定和调整进程利用新信息来更新的。当没有新的信息可用时，SA 被假设缓慢衰减（时间常数为 60 s）。当遇到无关的或分心的信息时，SA 由于长时工作记忆（long－term working memory）干扰而衰退更快（时间常数为 5 s）。

SA 的值被用来指导其后的注意扫描——取值高的 SA 将注意指向相关信息，而取值低的 SA 将注意指向不太相关的信息。此外，SA 还决定着飞行员遇到决策点时做出正确选择的可能性（例如遇到滑行道的交叉路口时决定转弯还是直行）。当飞行员的 SA 取值低时，默认行为影响决定（例如，存在疑问时，直走），当然这个决定可能也是错误的。

NASA HPM 计划中的 5 种建模方法中的每一个都表明它有仿真复杂飞行环境的能力，这些复杂飞行环境包括多人员操作、动力性能、外部环境指示和约束，常规和非常规操作。在仿真过程中，每个构架的认知部件（即飞行员模型）将被改进和扩展，使之包括程序上和被告知的关于飞机滑行、进近和着陆任务的信息和各种与飞机飞行状态相关的参数的值。除了仿真驾驶舱（显示器和控制机构）和飞行员外，还仿真了飞行器空气动力、物理环境（天气、地形和机场）和其他相关因素（空中交通管制（ATCs）和副驾驶员（FO））。

2.3 飞行员操纵特性

对于操纵规律的研究，国内外学者主要从控制理论方面和定位运动方面开展了实验研究和理论基础研究。

2.3.1 控制理论及模型研究

在人机系统工程研究中，人们非常重视对人的控制模型的研究，并利用人的控制模型对各种人机系统进行总体分析、评价和设计。例如，Adams 等人曾利用一个多回路作业中航天员的传递函数模型，对全尺寸的月球着陆模拟器的驱动系统进行分析和设计。结果表明，模拟器驱动系统的动力学特性影响航天员的登月操作响应，而且模拟器的纵向驱动系统的增益应尽可能保持高一些，以使对人的登月操作影响最小。在模拟器投入运行之后，上述结果在实践中得到了证实。Jex 等人也利用人的传递函数模型，对“土星-V”推进器的完全人工控制和辅助人工控制系统进行了研究，其研究结果为推进器人工控制系统的设计提供了指导性依据。

上述例子表明，根据人的信息输入输出关系，建立人的控制模型，是人机系统工程研究的最关键步骤。有了人的控制模型，就能用系统科学理论和系统工程方法阐明人机系统中可能出现的种种问题，并提出解决问题的各种措施。然而，由于人自身行为的非线性、随机性、离散性和时变性，人的控制模型的研究面临着巨大困难。因此，对人的控制模型进行全面而深入的研究，历来都受到科学工作者的重视。

概括而论，人的控制模型的研究已经历了 3 个发展时期，而且这 3 个时期都与控制理论的发展密切相关(见图 2-22)。

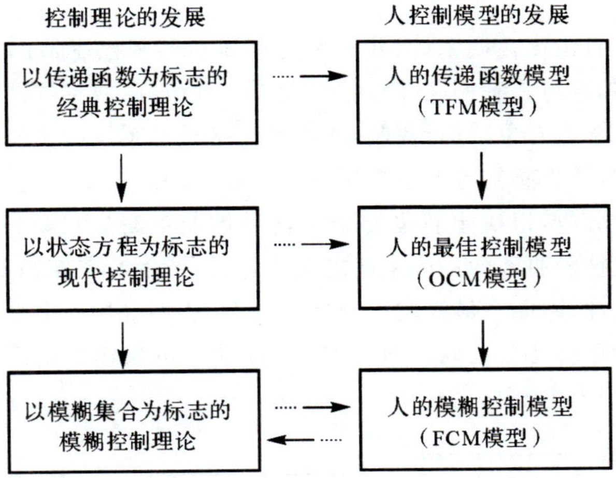

图 2-22　人控制模型发展的 3 个阶段及其与控制理论发展的关系

第一个发展时期，是以人的传递函数模型(Transfer Function Model，TFM)为重点的。这类模型是根据经典控制理论发展起来的。传递函数模型的种类多种多样，其中最有代表性的是 McRuer 等人提出的“准线性模型”和“穿越模型”，以及 Shinners 提出的“时间序列模型”。

20 世纪 60 年代末，Kallmann 根据现代控制理论，提出了人的最佳控制模型(Optimal Control Model，OCM)的概念，这标志着人控制模型研究第二个发展时期的开始。人最佳控制模型的基本思想是把人看作是一个最佳控制器，并以状态方程为基础，以卡尔曼滤波和均方预测为手段来描述人的控制行为。

值得指出的是，上述两类模型都是用确定性的数学方法来描述人的不确定行为，故局限性较大，因此，需要探索新途径。从 20 世纪 80 年代初期开始，龙升照等人采用模糊数学方法研究建立人的数学模型问题，并相应建立了人的模糊控制模型(Fuzzy Control Model，FCM)，标志着人控制模型的研究已进入第三个发展时期。由于人的模糊控制模型是以人脑思维活动(概念、判断、推理和决断)的有关特点为基础的，故更接近人的实际行为。

人的模糊控制模型是模糊数学创始人 Zadeh，考虑了人脑思维能对周围世界复杂现象进行识别和判决的特点，对数学的基石——普通集合——作了修改，提出了模糊集合概念，从而奠定了模糊集理论的基础。因此，反过来，用模糊集理论来对人的思维活动进行描述，这不仅是必要的，而且是可能的。人的模糊控制模型就是试图对人-机-环境系统中人的思维活动进行描述，描述的有效性可用一些实际例子验证。

考虑一个单自由度控制系统，并假定忽略显示器和控制器的动力学特性。如果它们不可忽略，则可将它们归在被控对象中一并研究，故推导并不失一般性。当然，为了对机器（被控对象）进行控制，人们首先必须对系统的控制误差和误差的变化速率进行感知，并将感知到的信息用人脑中预先确定的概念进行判断，然后再根据上述判断进行分析，以决定将需要采取何种控制策略（也即对推理结果作出决断），最后再通过神经肌肉的反应来使之实施，从而产生所需控制量输出。同时，由于人运动的随机性，因而在最终的控制量输出上，还需叠加一个余项白噪声。这就是人进行控制活动的完整过程。图 2-23 所示为人的模糊控制模型结构图。

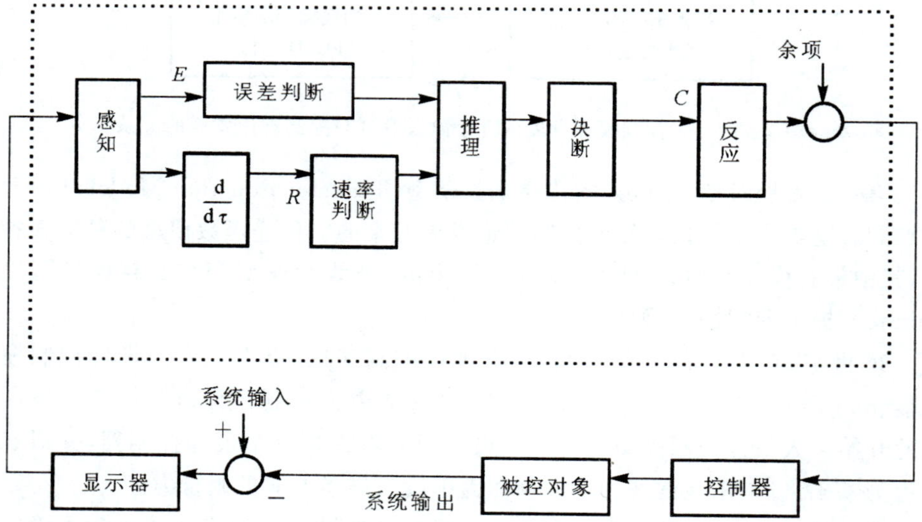

图 2-23　人的模糊控制模型

图中E为操作者感知的被控对象偏离目标值（系统输入）的误差，简称误差；R为操作者感知的误差变化速率，简称速率；C为操作者作用于被控对象的控制量输出，简称控制量。

通常，当人进行控制活动时，人脑思维中的许多概念都是模糊的。例如，当飞行员在驾驶飞机时，若飞机的俯仰姿态偏离目标值而抬头（误差“大”或“小”），飞行员就会相应地向前推控制杆（反向输出控制量“大”或“小”），使飞机姿态回到目标值。这时，误差“大”或“小”，控制量“大”或“小”等概念，在飞行员头脑中都是模糊的。究竟多大算“大”，多小算“小”，在他的头脑中并没有绝对明确的界线，但飞行员正是通过这些模糊概念，达到明确的控制目的的。人对其他机器（如飞机、坦克、轮船等）进行控制时，情况也基本如此。为了对人的这类模糊概念进行描述，假定在 E,R,C 3 个论域中分别有 7 个模糊集合：PB，PM，PS，ZE，NB，NM，NS，它们分别代表正大、正中、正小、零、负大、负中、负小等模糊概念。

上述模糊概念与每个特定论域结合，就可形成 7 种判断，也即 7 个集合，而且每个集合都是一个模糊变量。对误差 E 来说，“误差是正大”这个判断可用 E_{PB} 表示，E_{PM}，E_{PS}，E_{ZE}，E_{NB}，E_{NM}，E_{NS} 也可被类似引出。同样，对速率 R 也可形成 7 种判断：R_{PB}，R_{PM}，R_{PS}，R_{ZE}，R_{NB}，R_{NM}，R_{NS}。根据人的生理特点，人对事物的判断是遵循正态分布原则的，实验结果也证实了这一点。因此，输入量 E 和 R 都是正态型模糊变量。同时，假定人对正、负信号的判断是对称的，这样就可以确定出 E 和 R 模糊变量的隶属函数及表达式。

为了对人的推理活动进行描述，将论域 E,R,C 中的 PB，PM，PS，ZE，NB，NM，NS 分别定义为 3，2，1，0，−1，−2，−3，论域 E,R 的 7 个模糊集合的互相组合可构成 49 条推理规则，其大致概括了人的控制行为的推理范围。人的控制行为的推理活动可用下式表示：

$$C=-[aE+(1-a)R]=-[n] \tag{2-10}$$

式中，a 为修正因子，其取值范围为 0～1；符号$[n]$代表一个与 n 同号，绝对值大于或等于$(|n|+0.5)$的最小整数。这样，只要调整 a，就可以对人的推理规则进行灵活改变。如对应于 $E=2$ 和 $R=1$，a 取为 0.3，由式(2-10)求出 $C=1$。同理，可求出 49 条量化表示的推理规则。

显然对于任意一条推理规则都是一个似然推理。如对于 $E=-2$，它意味着如果误差是负大和速率是负大，则控制量应是正大（$C=3$）。似然推理中的结论亦是一个决断，即控制量应是正大就是一个决断。这种决断也是正态型模糊变量，而且也假定它正负对称，具有 7 个模糊集合。故可求出对于 C 这一模糊变量的隶属函数及表达式。

对每一条似然规则用模糊运算进行描述，由于推理过程是选择可能性最大的，导入模糊集理论中的并(+)、交(•)、笛卡儿积(×)和组合演算(⊕)符号后，49 条推理规则可概括为

$$\begin{aligned}C=C_1+\cdots+C_{49}=E\oplus(E_{NB}\times C_{NB})\cdot R\oplus(R_{NB}\times R_{NB})+\cdots+\\ E\oplus(E_{PB}\times C_{PB})\cdot R\oplus(R_{PB}\times R_{PB})\end{aligned}$$

上式概括了人脑思维活动（概念、判断、推理直至决断）的基本过程，再加上感

知延迟，神经肌肉滞后 $1/(T_{N}S+1)$ 和人的偶然活动余项 $r(n)$，就构成了人操作者模糊控制模型的全貌。而 3 个模糊变量(E,R,C)，由式(2-10) 得出的推理规则项，感知延迟 τ，神经肌肉滞后 T_{N} 和余项 $r(n)$ 就是该模型的 7 个变量。

从控制论来看，飞行员在操纵飞机过程中将呈现出一个自动调整系统。飞行员的行为特性必将影响系统的特性。影响该特性的主要因素是：

1) 飞行员的素质(品德、创造性) 和心理状态；

2) 飞机和控制系统的动力学特性；

3) 操纵任务(起飞、着陆、稳定、机动和编队飞行等)；

4) 驾驶杆类型(中央杆或侧杆)；

5) 感知飞机运动状态的信息形式(目视或仪表)；

6) 操纵过程的外界条件(能见度、座舱温度、仪表照明等)，等等。

从控制论的角度来说，飞行员的操纵特性表现如下：

1) 反应时间延迟特性(采样特性)。试验表明，人有一个不可控制的最小反应延迟时间(生理学上称为人的神经元不应期)。即飞行员对任何连续信号的接收不是连续的，而是每隔 0.06～0.3 s 取一次样本，故该特性又称为采样特性。在飞行员线性模型中常用延迟环节 $e^{-\tau s}$ 表示。由于该环节是最小相位环节，故可预期飞行员模型具有最小相位系统特性。

2) 时迟和导前特性。当肌肉接收到来自大脑决策的脉冲动作指令时，由于自身的惯性、黏性和肌纤维的异步收缩而呈现出神经肌肉时迟 / 滞后特性，该特性称为时迟特性，常用一阶惯性环节 $1/(1+T_{N}s)$ 表示。此外，飞行员根据对输入信息的经验，可判断其后输入的大致规律(对信息变化前景有一个预计)，采取相应的提前操纵量，这是对神经肌肉滞后所作的一种补偿，从而提高控制速度，改善操纵效率，该特性称为导前特性，常用一阶微分环节 $(1+T_{L})$ 表示。

3) 频率特性。人在 0.5～1.5 Hz 频率范围内操纵效率最高，否则难以很好地操纵。但在复杂或多维操纵中这个频率范围要低些。

4) 噪声(干扰) 特性。飞行员在操纵过程中会出现自发性的手抖现象，这是最常见的噪声之一。此外，各种感觉器官在接收外界信息和中枢神经系统在信息加工过程中也会掺入噪声。大部分情况下人体内部噪声是以高频率分量为主的，故可通过高频滤波器将它滤掉，以改善操纵效果。

5) 有限的运算特性。飞行员在操纵过程中一般仅能完成二阶以内的运算，当超过时则很难满意地完成飞行任务。同样，在多维操纵中会降低运算能力和运算精度。

6）有自适应特性。对具有稳定特性的飞机，在随动补偿操纵情况下在飞行员感受各种信息后，按照不同情况选择有关飞机运动信息，对自身进行适应性调整，其内容包括对自身神经肌肉系统（感觉、执行机构等）的适应性调整和对感受器官和有意识动作的评定函数的调整，随后选择不同的操纵程序以获得优良飞行品质。

飞行员总在力图调整自身的动力学特性，以使人机闭环特性接近最佳状态。如跟踪飞行希望迅速地捕获目标，以最小的超调量来很好地预测反应，且不激起飞机振荡。由此断定飞行员希望的闭环系统是对操纵信号的相位移最小，在感兴趣的频率段内都没有共振峰值，且跟踪过程的均方误差要最小。

7）非线性。人的行为具有明显的非线性特征，但是，人的某些非线性特性是可以线性化的。因此，利用数学公式恰当地描述人的行为时，可以把人的传递函数看成是一个带有附加“残余”项的线性连续模型，其中残余项是指人的响应中与输入不是线性相关的那一部分。事实上，残余项往往是非常大的，且是实际响应的主要组成部分。

人机系统模型一般由人的动态特性模型和飞机的动态特性模型构成，而飞机的动态特性又可分为机械动力学模型和显示动力学模型两个分支。机械动力学模型是一种把控制杆的运动与飞机俯仰轴转角联系起来的模型，可以用刚体动力学方法进行分析。飞机的显示系统是通过各种感受器（如雷达、高度指示器、无线电信标等）收集、综合处理信息，然后在显示器上以数字或图像形式向飞行员显示。这种显示器能显示出因信息处理的时延所造成的不可避免的滞后等动态特性和诸如用微分环节来获得“超前作用”等的人为影响。因此，显示系统的动态特性也可以用显示动力学方法来分析。

人机系统建模的关键是人的建模，这是由于人本身是一个复杂的系统，人的很多特性至今还不能用数学模型来反映。因此，对人机系统建模研究的重点放在人的建模上。

由人的动态特性模型和机的动态特性模型构成的人机系统，其输出是一个单一的直接控制量 $c(t)$ 和一个单一的间接控制量 $g(t)$。其中直接控制输出量是机的动态变化，比如飞机的俯仰和偏航等；间接控制输出量是伴随直接控制输出量变化的物理量，它不是控制行为的直接对象。然而，当人感受到机器的动态变化并根据这些变化决定如何操纵控制器，还必须考虑间接控制输出量。例如飞行员控制飞行速度时，并不能直接控制发动机的噪声，但这也是要考虑的许多与速度有关的输入信号之一。

为了获得与某些使用情况相当吻合的模型，必须将复杂的人机动态特性模型进行简化。最常用的简化结构是图 2-24(a) 所示的补偿跟踪结构，飞行员模型采用准线性模型。图中 $r(t)$ 为系统输入；$e(t)$ 为误差信号，假设人只能感受到“误差”信号而感受不到任何间接控制的输出；$W_{m'e}(s)$ 为人的传递函数的线性部分，$m'(t)$ 为 $W_{m'e}$ 的输出，$n(t)$ 表示与人的传递函数非线性部分有关的残差，$m(t)$ 为人的总输出；$W_{cm}(s)$ 为机器与显示器等的机的传递函数；$c(t)$ 为系统输出；$H(s)$ 为反馈回路的传递函数。另外，在实验建模中，用一根与电位器相联系的控制杆、一台仿真 W_{cm} 的模拟计算机、一台输出 $r(t)$ 的信号发生器和一台示波器，就能组成一套简化结构的试验装置(见图 2-24(b))。图中示波器上水平虚线表示 $e(t)$，它采用高扫描速率。虚线在水平固定水平基准线($e=0$) 上下移动。

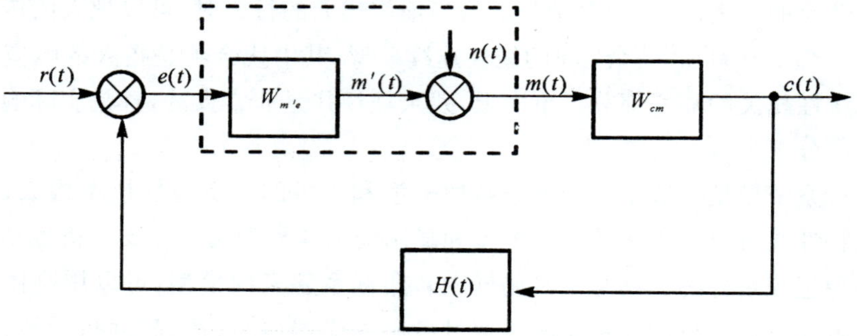

(a)

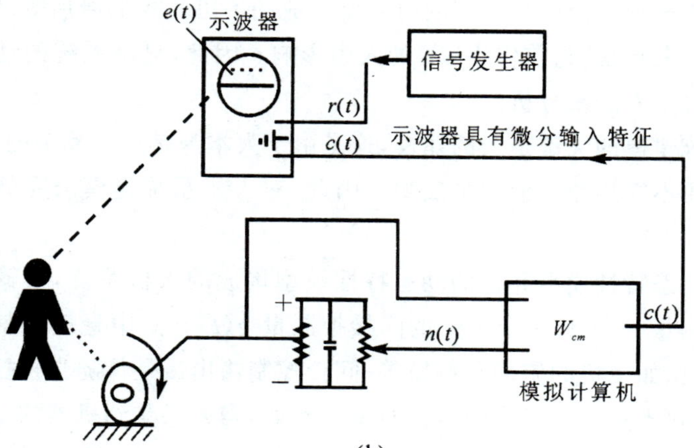

(b)

图 2-24　简化结构图及其试验装置

对于同一类型的输入信号 $r(t)$，根据机的传递函数 W_{cm} 而使用不同形式和数值的人的传递函数 $W_{m'e}$。飞机的动态特性所具有的实际约束和人体自身的限制限定了 $W_{m'e}$ 的范围，研究这个范围，可得到相当简单的普遍性模型，并能获得为适应具体的 $r(t)$ 和所需的 W_{cm} 而改变系统参数的调节规律。

因为建立的线性模型是人行为的良好预测器，所以模型的预测值与人的实际输出值之间的差值 $n(t)$ 为一个很小的量。由此，根据人所感受的误差信号 $e(t)$ 和人的总输出 $m(t)$ 的测量值来求人的最佳线性传递函数 $W_{m'e}$ 的问题，可归结为寻找一个使 $W_{m'e}$ 的输出 $m'(t)$ 与人的总输出 $m(t)$ 之间的均方误差为最小的传递函数 $W_{m'e}$。

当输入 $e(t)$ 作用于传递函数为 $W_{m'e}$ 的系统时，从卷积积分可得

$$m'(t)=\int_0^{\infty}h(\tau)e(t-\tau)\mathrm{d}\tau \qquad (2-11)$$

式中，$h(\tau)$ 为 $W_{m'e}$ 的冲激响应；τ 为虚变量。

$W_{m'e}$ 的输出 $m'(t)$ 与总输出 $m(t)$ 之间的误差为

$$E(t)=m(t)-m'(t)=n(t)=m(t)-\int_0^{\infty}h(\tau)e(t-\tau)\mathrm{d}\tau \qquad (2-12)$$

其均方误差为

$$\overline{E^2(t)}=\overline{[m(t)-m'(t)]^2}=\overline{[m(t)-\int_0^{\infty}h(\tau)e(t-\tau)\mathrm{d}\tau]^2} \qquad (2-13)$$

选择系统的冲激响应 $h(\tau)$ 使 $\overline{E^2(t)}$ 为最小，而满足此条件的 $h(\tau)$ 为维纳-霍普夫积分方程的解

$$R_{em}(\tau)=\int_0^{\infty}h(u)R_{ee}(\tau-u)\mathrm{d}u \qquad (2-14)$$

式中，$R_{em}(\tau)$ 为 $e(t)$ 与 $m(t)$ 的互相关函数；$R_{ee}(\tau)$ 为 $e(t)$ 的自相关函数。

上述公式没有直接给出求解 $W_{m'e}$ 的方法，而是从 $W_{m'e}$ 的输出 $m'(t)$ 与人的总输出 $m(t)$ 之间的均方误差为最小的条件来选择 $W_{m'e}$。$W_{m'e}$ 可从一个互功率谱密度和自功率谱密度的计算中求出。

当 $e(t)$ 为线性系统 $W_{m'e}(\mathrm{i}\omega)$ 的输入，而 $m'(t)$ 为输出时，根据互功率谱密度的意义可得

$$W_{m'e}(\mathrm{i}\omega)=\frac{\varphi_{em}(\mathrm{i}\omega)}{\varphi_{ee}(\mathrm{i}\omega)} \qquad (2-15)$$

式中，φ_{em} 为 $e(t)$ 与 $m'(t)$ 的互功率谱密度；φ_{ee} 为 $e(t)$ 的自功率谱密度。

此方法没有涉及残差和最小均方误差，但该式给出的结果与随机信号试验方

法的结果相同，因而可利用随机信号试验方法所得的结果，从均方误差最小化的观点得到一种附加的有用解释。为了使误差降到最小，通常用两个互功率谱密度来求 $W_{m'e}$，即

$$W_{m'e}(\mathrm{i}\omega)=\frac{\varphi_{rm}(\mathrm{i}\omega)}{\varphi_{re}(\mathrm{i}\omega)} \tag{2-16}$$

式中，φ_{rm} 为 $r(t)$ 与 $m'(t)$ 的互功率谱密度；φ_{re} 为 $r(t)$ 与 $e(t)$ 的互功率谱密度。

用式(2-16)求解比用式(2-15)更为精确。因为 $W_{m'e}$ 的形式取决于机械的动态特性，所以不能把 $e(t)$ 与 $m'(t)$ 之间的那一部分独立划出来进行"开环测量"，否则残差信号 $n(t)$ 的影响将会通过 W_{cm} 进行传播，并出现于系统输出 $c(t)$ 中，这就使 $e(t)$ 与 $n(t)$ 之间的相关函数不为零。为了尽可能减小输入信号 $e(t)$ 中存在残差影响所引起的误差，必须在图 2-24(a) 的"闭环"结构图中测量 $W_{m'e}$，即采用式(2-16) 来计算 $W_{m'e}$。在实际工作过程中，输入量 $r(t)$ 可能很小或者是难以测量，人机系统不再具有图 2-24(a) 所示的形式，就只能用式(2-15) 计算 $W_{m'e}$，同时可采用根据式(2-15) 建立的各种改善精度的数据处理方法来降低误差。

根据式(2-15) 与式(2-16) 所进行的测量，能得到幅值比与相位角的频率响应图。对于实验所获得的测量曲线，必须用解析式进行拟合。

如假设 $n(t)$ 很小，且以 $\overline{E^2(t)}$ 为最小的条件求解 $W_{m'e}$，则可以认为该模型中人的非线性特性已线性化了，即可用 W_{me} 表示 $W_{m'e}$。把人理解为该系统中的一个控制环节，则根据控制理论可知，人机系统的实际输出与输入关系由拉普拉斯变换的定义可得

$$G(s)=\frac{C(s)}{R(s)}=\frac{W_{me}(s)W_{cm}(s)}{1+W_{me}(s)W_{cm}(s)\cdot H(s)} \tag{2-17}$$

又根据闭环控制理论，在 $H(s)=1$ 的情况下，式(2-17) 可简化为

$$G(s)=\frac{C(s)}{R(s)}=\frac{W_{me}(s)W_{cm}(s)}{1+W_{me}(s)W_{cm}(s)} \tag{2-18}$$

应用式(2-17) 和式(2-18)，可求得在 $H(s)\neq 1$ 和 $H(s)=1$ 情况下人机系统的传递函数 $G(s)$。

结合具体的飞机操纵和人的特性，McRuer 等人对单自由度补偿任务提出的飞行员准线性模型 $W_{\mathrm{p}}(s)$ 如下：

$$W_{\mathrm{p}}(s)=K_{\mathrm{p}}\frac{(T_{\mathrm{L}}s+1)}{(T_{\mathrm{I}}s+1)}\mathrm{e}^{-\tau_{\mathrm{p}}s} \tag{2-19}$$

式中，K_{p} 为飞行员模型增益，是实现最优操纵所要调整的参数之一；T_{L} 为飞行员对操纵过程的预测需要的超前补偿时间常数，其值反映了飞行员精神负荷的大小；

T_I为中枢信息的传递和加工过程的时滞，为 0 ～ 1.0 s(可变)，其值反映了飞行员体力负荷的大小；τ_p 为飞行员体内的净传递时间延迟，其值与神经传导和刺激有关，为 0.06 ～ 0.3 s，对多自由度操纵 $\tau \geqslant 0.2$ s，甚至等于 0.6 s；s 为拉普拉斯变换的算子。

τ_p 与人的神经肌肉系统的动态特性有关，而 K_p，T_I，T_L 是人的自适应性函数，是经人的大脑综合后得出来的，并能根据输入量的性质与受控系统的动态特性 W_{cm} 进行适当的调节。如人能通过增加时间常数 T_L 的方法对系统中的滞后进行补偿；能用增加时间常数 T_I 把系统的高频噪声滤掉；调节 K_p 的大小能改变系统的带宽或稳定性等，式(2－19) 模型 $W_p(s)$ 比起 $W_{m'e}$ 来已考虑了人的一些非线性特性，满足要求。

2.3.2　定位运动理论及模型研究

人在接受来自系统的信息并对其进行神经中枢加工后，便根据加工的结果对系统作出反应，这一过程即称为人的信息输出。信息输出是对系统进行有效控制并使其正常运转的必要环节。例如，汽车驾驶员为避免撞上前方突然出现的行人而刹住汽车，飞行员将瞄准器对准欲攻击的目标，工人暂时关停机器把已加工完的成品从机器上取下来，等等。此类行为都是信息输出的表现。

信息输出的实际形式是多种多样的，根据输出通道可简单地将信息输出分为两大类：①通过人的肢体动作直接作用于控制器或传感器向机器传递信息；②通过语言、手势、表情等单纯地传递信息。传统意义上的人的输出主要是指人的肢体控制动作输出，随着人机交互技术的发展，出现了一些新的控制与输出方式，如语音控制、脑波控制、头动控制(如战斗机飞行员使用的头盔)、照相机的眼控对焦等。各类信息输出的质量取决于反应时间、运动时间和准确率等因素。

在人机系统中，人的信息输出通常表现为效应器官(例如手、足)的操作运动。因此，效应器官运动的速度和准确率直接关系到人机系统的效率和可靠性。

通过对飞行员在驾驶舱中操纵行为的研究，认为飞行员在驾驶舱中的操纵行为大部分可以归为“定位运动”，是肢体对目标的定位操纵。

从 20 世纪 50 年代开始，许多人员进行了大量的实验研究和理论分析，结果表明定位运动有很强的规律性。根据他们的研究成果，可以分为以下几个方面：运动类型、参与的肢体范围、实验条件、操纵的设备类型、被试人群以及性能指数范围等，见表 2－8。

表 2－8　人的定位运动研究范围

项　目	研　究	作　者
运动类型	1)逐次或连续 2)离散 3)点击 4)物体转移 5)投掷 6)三维 7)旋转 8)按下与拖动	1)Fitts(1954 年)；Kvalseth(1975 年) 2)Carlton (1979 年；1980 年)；Fitts & Peterson(1964 年) 3) Fitts （1954 年）； Fitts & Peterson （1964 年）；Kantowitz& Elvers (1988 年)；Megaw (1975 年) 4)Fitts (1954 年)；Raouf & Tsui (1978 年) 5)Kerr & Langolf (1977 年) 6)MacKenzie，et al. (1987 年)；Ha (2010 年) 7)Knight & Dagnall (1967 年) 8)Gillan，et al. (1990 年)
参与的肢体范围	1)腕部弯曲和旋转 2)脚部运动 3)头部运动 4)眼动 5)手指操纵 6)手臂伸展 7)快速肘部弯曲 8)言语 9)手的运动 10)嘴或其他器官等	1)Crossman & Goodeve (1963 年/1983 年)；Meyer,et al. (1988 年)；Wright & Meyer (1983 年) 2)Drury (1975 年)；Hoffmann (1991 年)；杨年峰 (2001 年) 3) Andres & Hartung （1989；1989 年）；Jagacinski & Monk (1985 年) 4)Jacob (1991 年) 5) Hoffmann & Sheikh (1991 年)；Langolf,et al. (1976 年)；Balakrishnan (1997 年) 6)Kerr & Langolf (1977 年)；Murata & Iwase (2001 年) 7)Corcos,et al. (1988 年) 8)Jafari & Kondraske (1988 年) 9)Beggs & Howarth (1972 年)；Howarth,et al. (1971 年) 10)Glencross & Barrett (1989 年)；MacKenzie (1992 年)

续表

项　目	研　究	作　者
实验条件	1)微小运动 2)水下运动 3)飞机飞行 4)可控视觉反馈 5)惰性气体麻醉 6)习惯手研究 7)运动目标 8)信息延迟任务 9)身体运动状态	1)Hancock,et al. (1973 年); Langolf & Hancock (1975 年) 2)Kerr (1973; 1978 年) 3)Hartzell,et al. (1982 年) 4)Carlton 1981; Crossman (1960 年); Glencross & Barrett (1989 年); Keele & Posner (1968 年); Meyer,et al. (1988 年); Prablanc, et al. (1979 年); Wallace & Newell (1983 年); Zelaznik,et al. (1981 年) 5)Fowler,et al. (1982 年) 6)Flowers (1975 年) 7)Hoffmann (1991 年); Jagacinski et al. (1980 年) 8)Ferrell (1965 年); Hoffmann (1992 年); Sheridan & Ferrell (1963 年) 9)Newman & Bussolari (1990 年)
操纵的设备类型	1)手握铁笔 2)旋转手柄 3)操纵杆 4)计算机鼠标 5)键盘 6)脚蹬 7)遥控操纵装置 8)头控输入装置 9)原子笔 10)跟踪球 11)触摸屏 12)眼动仪 13)遥控机器人 14)触摸板 15)虚拟现实手套	1)Fitts (1954 年); Kvalseth (1978 年) 2)Crossman & Goodeve (1963/1983 年) 3)Card et al. (1978 年); Epps (1986 年); Hartzell,et al. (1982 年); Jagacinski,et al. (1980 年) 4)Boritz,et al. (1991 年); Card,et al. (1978 年); Epps (1986 年); Johnsgard (1994 年); 翟宾 (2010 年) 5)Card,et al. (1978 年); Drury & Hoffmann (1992 年) 6)Drury (1975 年) 7)Draper, et al. (1990 年); Drascic, et al. (1989 年); Repperger & Remis (1990 年); Shinhar (1986 年) 8)Lin,et al. (1992 年); Radwin, et al. (1990 年); Spitz (1990 年) 9)Spitz (1990 年); van Galen & Schomaker (1992 年) 10)Arnault & Greenstein (1987 年); Epps (1986 年) 11)Epps (1986 年); Benel (1987 年) 12)Ware & Mikaelian (1987 年) 13)Cannon & Leifer (1990 年) 14)Arnault & Greenstein (1987 年) 15)Johnsgard (1994 年)

续表

项目	研究	作者
被试人群或动物	1)年轻人与小孩 2)成年人 3)智力障碍病人 4)帕金森病人 5)大脑瘫痪病人 6)用药病人 7)猴子 8)不同年龄和性别人群	1) Jones (1991 年); Salmoni (1983 年); Salmoni & McIlwain (1979 年); Sugden (1980 年); Wallace, et al. (1978 年); Kerr (1975 年; 1987 年) 2)Welford, et al. (1969 年) 3)Wade, et al. (1978 年) 4)Flowers (1976 年) 5)Bravo, et al. (1990 年) 6)Kvalseth (1977 年) 7)Brooks (1979 年) 8)Brogmus (1991 年)
性能指数范围	1)小于 1 bit/s 2)大于 60 bit/s 3)3～12 bit/s	1)Hartzell, et al. (1982 年) 2)Kvalseth (1981 年) 3)MacKenzie (1992 年)

定位运动是许多操作活动及其重要的组成部分。定位运动一般具有两个特点:第一,运动位移以指数形式接近目标,即运动初始时接近目标,运动终了时缓慢且平稳地达到目标;第二,运动过程由许多离散的矫正动作所组成,每一矫正动作时而加速、时而减速,其目的是缩短(或消除)与目标的误差,最后达到目标。根据定位运动的特点,发展出了许多不同的研究模型。

1. Fitts 定理

1954 年,担任美国空军人类工程学部门主任的 Fitts 博士对人类运动操作过程中的运动特征、运动时间、运动范围和运动准确性进行了研究,从 Shannon 的信息论中导出了上肢运动功能中的速度、加速度、运动幅度以及目标物尺度之间的数学关系。这就是后来广为人知的 Fitts 定理。

Fitts 定理:性能指数(Index of Performance, IP),作动时间 MT,运动幅度 A,运动目标的宽度 W,关系如下:

$$IP = \mathrm{lb}\left(\frac{2A}{W}\right)/MT \tag{2-20}$$

并假设

$$ID = \mathrm{lb}\left(\frac{2A}{W}\right) = IP \cdot MT \tag{2-21}$$

ID 称为难度指数（Index of Difficulty，ID），由式(2-21)可以变换得到 $MT = ID/IP$。其中 *A* 表示运动的幅度（比如说键盘上两个按键之间的距离或是图形界面上两个按钮的距离），*W* 表示目标（比如一个按键）的宽度。这样可以得到 Fitts 定理方程如下：

$$MT = a + b \cdot ID \tag{2-22}$$

式中，*a* 和 *b* 这两个参数一般是和特定装置有关的两个经验参数。这是最初的 Fitts定理的方程，后来Fitts定理作为一种评估和测试输入装置的工具被用到人机交互领域，在形式上产生了不少变化。

因此，尽管 Fitts 定理有极强的使用性，但是缺乏必要的理论基础，仍然不能从机理上阐明定位运动的本质原理。因此，在该定理提出以后，许多研究人员试图通过各种其他方法对其进行理论分析，希望能够结合定位运动的本质特征，采用更直接的研究方法，推导出 Fitts 定理。

2. Welford 模型和 MacKenzie 模型

由于 Fitts 定理对“容易的”($ID < 3$ bit/s)定位运动描述效果较差，在 1960 年，Welford 对公式(2-22)提出了修正：

$$T_m = a + b\,\mathrm{lb}(A/W + 0.5) \tag{2-23}$$

而在 1989 年 MacKenzie 再重新研究信息理论创始人Shannon 的研究成果后，依据 Fitts 的研究思路，再次将公式修正为

$$T_m = a + b\,\mathrm{lb}(A/W + 1) \tag{2-24}$$

这些公式不同在于计算 *ID* 的公式不同。MacKenzie 的模型是现在最常用到的并且被证明是这三个模型里最好的，这是因为：

(1) 这个模型与观察到的结果的拟合结果更好；

(2) 准确地模拟了 Fitts 定理里所隐含的信息理论；

(3) 难度系数总是正数。

3. Crossman 反复修正模型(iterative - corrections model)

1963 年，Crossman 等人提出了反复修正模型(iterative - corrections model)，这是一种研究较多的一类描述人的定位运动的模型，根据此类模型的假设，可以从理论上推导出 Fitts 定理。该模型的基本假设为：

(1) 从运动起点到目标区域的运动是由一系列的离散子运动组成的；

(2) 每个子运动的持续时间为常数 *t*，运动距离为从当前位置到目标中心距离

的 $p(0<p<1)$ 倍，即 $X_i=(1-p)X_{i-1}$；

(3) 当前位置距目标区域中心的距离小于目标宽度的一半时运动中止。

根据以上假设，可以确定目标运动完成时间为

$$MT=nt=[t/\operatorname{lb}(1-p)^{-1}]\cdot\operatorname{lb}(2A/W) \tag{2-25}$$

反复修正模型在理论上与 Fitts 定理一致，而且其他一些研究人员也在定位运动过程中观察到了该模型的离散子运动。该模型比 Fitts 定理的理论基础扎实，并在一定程度上反映了定位运动的本质。

1976 年，Langolf 等人发现初始运动阶段持续时间与模型假设的子运动时间为常数，且互相矛盾，并发现在一些难度指数较大的运动中只出现一次校正动作，与模型假设为多次校正动作不符。

4. Connelly 控制模型

1984 年，Connelly 基于控制模型提出了另外一种解释 Fitts 定理的方法，他将运动的失误率和失误联系在一起，并假设失误率 $\mathrm{d}X/\mathrm{d}t$ 是失误 X 的线性函数。

$$\frac{\mathrm{d}X}{\mathrm{d}t}=-KX,\quad K>0 \tag{2-26}$$

解方程得

$$X(t)=X(0)\mathrm{e}^{-Kt}$$

上式也可以写成

$$\operatorname{lb}\left(\frac{X(t)}{X(0)}\right)=-Kt\operatorname{lb}(\mathrm{e})$$

从而

$$t=C\operatorname{lb}\left(\frac{X(0)}{X(t)}\right) \tag{2-27}$$

式中

$$C=\frac{1}{K\operatorname{lb}(\mathrm{e})}$$

已知 $X(0)=A$，$X(MT)=W/2$，从而获得运动时间关系式

$$MT=C\operatorname{lb}\left(\frac{2A}{W}\right) \tag{2-28}$$

Connelly 提出的控制模型与 Crossman 的反复修正模型比较类似，实际上，Crossman 反复修正模型是离散的，而 Connelly 控制模型是连续的。另外 Crossman 反复修正模型包含一个特殊的控制定律（$X_i=(1-p)X_{i-1}$），这是 $\mathrm{d}X/\mathrm{d}t=(1-p)X$ 的离散型写法。

5. Gan 模型和目标截止模型

Gan 等人在研究人体以肘部为原点作手臂定位运动时，发现 Fitts 定理在 ID

小于 3 时符合程度较差。因此，他将定位运动按 ID 值划分成 3 种运动：

(1) $ID \leqslant 3$ 时为弹道运动，这种运动的时间短(小于 200 ms)，视觉监控信息无法通过反馈起作用。

(2) $3 < ID < 4$ 时为过渡性阶段，在这个区域内，运动形式从第(1) 种向第(3) 种过渡；

(3) $ID > 4$ 时为视觉控制运动，这种运动的时间长(大于 300 ms)，视觉信息的反馈修正作用明显。

对于第(3) 种运动，Fitts 定理能够很好地适用，对于第(1) 种运动，Gan 等人提出了以下的应用方程：

$$MT = \sqrt{2\pi I_a A/(T_{max} l)} = k_g \sqrt{A} \tag{2-29}$$

式中，I_a 为手和前臂相对于肘部的惯性矩，kg • m^2；l 为肘端到肘部的距离，m；T_{max} 为前臂肌肉的最大转矩，N • m；k_g 为系数，s • m$^{-1/2}$。

Gan 方程的假设条件为：

(1) 手臂运动的角加速度为正弦函数形式；

(2) 手和前臂相对于肘部的惯性矩与时间无关，为常数；

(3) 前臂肌肉的最大转矩与时间无关，为常数。

王立刚、袁修干在综合了 Fitts 定理和 Gan 方程的应用范围后，提出了如下计算精度更高的定位运动的运动时间计算模型：

$$\left.\begin{aligned} MT &= k_0 + k_1 ID,\ ID = \sqrt{A/W} \quad (W < W_{cr}) \\ MT &= k'_0 + k'_1 ID, ID = \sqrt{A} \quad (W \geqslant W_{cr}) \end{aligned}\right\} \tag{2-30}$$

式中，k_0，k_1，k'_0，k'_1，s • m$^{-1/2}$ 为常数；W 为目标尺度，m；W_{cr} 为截止目标尺度，m。

对式(2 - 30) 的推导过程所做的假设是：

(1) 根据 Gan 等人的研究成果，在运动过程中，可将终端效应器的加速度随时间变化的曲线近似为正弦曲线；

(2) 运动过程中加速度幅值的变化与目标尺度 W 成正比；

(3) 对应一个特定的距离，人的运动时间随目标尺度增大而减少，但是在目标尺度增大到一定程度后，运动时间将不再减少；故对应特定的运动距离，存在一个最大的加速度幅值，与其对应的目标尺度称为截止目标尺度 W_{cr}。

截止目标尺度的提出具有较强的意义，例如，对于包含定位运动类操作的操作台面或工作环境设计，该尺度给出了在满足速度与精度协调关系情况下设计操作设备应取的尺度上限。

2.4 飞行员失误

失误是一种超越系统容许限度的活动。英国心理学家 Reason 将失误定义为那些“背离意向计划或规程序列的人的行为，或者人的意向计划或动作没有取得他所期望的结果或没有达到其预期的目标，而这种失败并不能归因于某种外力的干预”。人的失误具有随机性与重复性和一定的必然性，并且与外界环境相关，受环境驱使的可能性较大，但是经过一定的锻炼与训练有可能被修复。

实际上，在航空领域是程式化操作的，机组人员都经过了很好的训练，单一的环境因素或是认知因素几乎不可能导致事故。受过的训练和经验已经使他们能够克服甚至最难以理解的界面设计，并且环境常常是有足够的余量，是可逆的。因此大部分的失误和差错几乎没有造成严重的事故后果。严重的事故或灾难是认知、环境甚至其他因素综合作用导致的。

本节从飞行员自身以及外界，包括航空器、航空公司以及环境等方面分析了飞行员失误成因，从长时记忆等方面对决策失误机制进行分析，并对现有的失误研究方法进行分析。

2.4.1 飞行员失误原因分析

1. 与飞行员有关的因素

从现有的航空事故分析来看，与飞行员相关的因素可以分为两个方面，即飞行员的主观因素和客观因素。客观因素包括飞行员的年龄、飞行时间、性别等。研究表明，随着飞行员年龄的增长，差错事故率呈现先降低后趋于稳定的趋势；随着飞行小时数的增加，飞行员的差错事故率会降低。对飞行员的性别研究发现，在不考虑风险的情况下，男性飞行员的差错率高于女性，但是在综合考虑了飞行员年龄、经验，以及所飞机型的情况下，发现不同性别的飞行员在人为差错方面没有差别。

飞行员的主观因素主要是疲劳、工作负荷、情景意识等。多例航空事故的分析调查表明，航空事故除了与飞行员的客观条件有关以外，主要与飞行员的主观因素相关。

(1) 情景感知。情景感知，是飞行员在特定的时间对影响飞行的因素和条件的准确感知。从实践意义上来讲，情景意识是对周围发生的一切具有清楚的、不断更新的认识和理解。情景感知既取决于工作记忆中的感知信息和长时记忆中的知识和经验，也取决于飞行员的判断。情景感知丧失是航空领域中十分普遍的问题，情景感知下降或者情景感知不完善往往会影响飞行安全、导致飞行延误、引发地面事故。

情景感知是决策的重要前提和依据，而决策是执行的基础，如果情景感知不完全、不精确，即使是训练有素和经验丰富的飞行员，也可能做出错误的决策，反之，即使准确地了解形势，无经验的飞行员也可能做出不正确的决策。但无论如何，精确、完整的情景意识是必需的、根本的。

飞行员要想获得良好情景感知，必须主动地关注和思考各种有意义的感觉和知觉信息。在获得情景感知的过程中受到很多因素的影响，这些因素包括情景中信息的特性（即这些信息是否容易被发现，是否充分和准确）；飞行员注意力的分配技巧；知识和经验缺乏或过分依赖经验；期望和态度；过高的工作负荷是外部因素。

不适当的信息是引发飞行员的情景感知下降的重要诱因。

注意力对情景感知的影响主要体现在两个方面，一个方面是动态变化的情景中的关键因素如何被发现；另一个方面是，工作中的注意力如何集中在当时最重要的方面而不被无关的因素所干扰。由于飞行员的工作任务往往持续很长时间，这种长时间的工作包含很多环节，多个环节之间常常是交叉进行的，这样很难避免任务与任务之间以及相同任务之中的各个环节之间的相互干扰，容易引发注意力的分散。如果合理地分配注意力就能避免一些事故的发生。

情景感知是对外部各种信息诊断和评价的过程，在评价和诊断过程中依据两种来源的信息：经过注意过滤而进入认知加工的信息和存储在长时记忆中的跟这些信息相关的各种解释，即知识和经验。不断积累知识和经验能够提高情景感知，反之，知识和经验的不足会影响对情景的诊断和评估。

心理学研究表明，当带着某一期望对情景进行评估和诊断的时候，就如同带上了变色眼镜，更容易选择证明期望正确的信息，从而得到所期望的评估和诊断，而这个时候情景感知往往不是现实本身，而是所期望的现实。

态度是个人对特定对象以一定方式做出反应时所持的评价性的、较稳定的内部心理倾向，反映了个体对人、对客观事物的感受。所持有的态度会影响情景的评估。比如持有逆反态度的飞行员在处理信息时，往往不按照程序执行，或者只完成其中一部分，这样很多问题不能够被发现，得到的情景感知往往是有缺陷、不完整的。

过高的工作负荷是引发情景感知下降的外部因素。工作负荷包括心理负荷和工作负荷两个方面。在高的工作负荷情景中，由于紧张，注意的范围可能会过分集中于某个认为十分重要的信息上，这个时候其他的（事实上同样重要的）信息则被排除于注意之外，这个时候所获得的情景意识就是残缺的。在低的工作负荷下，警觉性容易下降，对变化缺乏敏感，容易产生自鸣得意的心态。这种心态会产生两种后果，一种可能与侥幸心理一样，会低估某些问题的后果，听任小问题发展成为大的事故；另外一个可能是，由于警觉性下降，不能及时发现问题。因此，显示信息应易于编码、加工和传递，并使飞行员能够快而准确地做出反应，而显示信息的方式也成为影响心理负荷的一个因素。

总的来说，在工作负荷过高或者过低的情景中，情景意识都会受到不同的影响，要对这些影响保持警觉，积极主动地采取有些措施对工作负荷进行有效管理，预防情景意识的下降。

(2) 疲劳。飞行员疲劳是困扰飞行安全的大问题。飞行疲劳是指在飞行条件下，由应激的发生和发展所造成的心理、生理上的不平衡状态。飞行员一旦疲劳，其身体、精神和脑力绩效就会降低，具体表现为反应迟钝、思路单一、思想麻木、记忆丧失、判断失误、条理性差、视力下降、个性改变等，造成操作绩效降低，随之而来的可能就是灾难性的差错事故。

容易引起飞行疲劳的因素包括飞行时间过长、飞行前活动过多、睡眠不足、工作负荷过大、一天飞几次起落、夜间飞行、气象情况不好以及驾驶舱环境令人不舒适等。综合地说，飞行疲劳主要与飞行计划引发的时差症、睡眠情况和脑力负荷密切相关。长时间、长距离的飞行，是诱发疲劳的重要原因。调查发现，经过长距离飞行后，93% 的飞行员感到疲劳，其中 85% 的人感到极度疲劳。在飞行中产生时差症的主要因素不是距离而是时区，其次是中途停留次数。每次中途停留都有一次起落，而每次起落都伴随着座舱压力的变化，座舱压力变化是产生时差症的诱因。人在正常情况下，每昼夜需要约 8 h 的睡眠，实验证明每晚睡眠少于 4 h，人的肌肉反应速度、警惕性就会降低。同时，睡眠方面的疾病是影响睡眠质量的重要原因，睡眠呼吸暂停综合征(SAS) 是一种发病率很高但不易被察觉的疾病，在白天的工作中表现为嗜睡，如果操纵飞机的人员成为这种病患就非常危险。随着新型、大型客机的空中续航时间的延长，加上外航运业务的迅猛发展，飞行人员出现的长时间、不规律夜航以及跨时区长途飞行中出现的疲劳问题日益突出。虽然研究人员对飞行疲劳的关注和研究的时间很长，国外也采用很多大同小异的监测和管理方法，但至今仍没有一种方法能完全对飞行疲劳进行客观测量和有效恢复，因此，飞行疲劳仍然是当前航空安全领域的研究重点。

(3) 工作负荷。飞行员工作负荷也是导致飞行员人为差错的一个重要原因。它包括 3 个方面：任务要求、人员努力以及努力结果。根据波音公司的报告，进近和着陆时飞行员的任务个数最多，工作负荷最大，超过 50% 的事故发生在进近和着陆阶段。

NASA 针对飞机地面操纵阶段的飞行员认知和操纵特性建立了 Air MIDAS 模型，模型基于表 2-9 中数据使用 VACM 资源理论建立工作负荷评估。VACM 中每个通道的上限数值 7 在 Air MIDAS 中是看不到的，因为调度是基于过量需求和推迟的或中断的任务。

平均任务负荷可用于判别基本情况与增加新的程序或显示器如 SVS 情况间的相对差异性。平均任务负荷在某段时间内（如飞行阶段）的计算表达式如下：

$$WL_{iavg}=\sum_{j=1}^{n}\frac{WL_{i,j}\Delta t_{i,j}}{t_{total}}$$

式中，i 为 VACM 通道；j 为模型执行的每个任务单元（如移动手臂至 MCP，从显示器上读取值）；n 为在总的时间中执行的任务数量；$WL_{i,j}$ 为每个任务单元的 VACM 工作负荷；$\Delta t_{i,j}$ 为任务单元的持续时间；t_{total} 为总的时间。

注意 $WL_{i,j}$ 的值是由 VACM 的通道输入的，是建模人员为每个可能的任务单元分配的，而 $\Delta t_{i,j}$ 是使用人本微模型如 Fitts 定理或基于信息单词数量的言语长度等在运行过程计算获得的。

Air MIDAS 的调度机制基于完成任务时间估计和视觉、听觉、认知及作动通道（Visual，Auditory，Cognitive，and Motor channel，VACM）资源的可用性进行解算。VACM 是由 McCracken 和 Aldrich 于 1984 年提出的，见表 2-9。这个理论假设 VACM 各个通道是彼此独立的，各通道值从 0（无工作负荷）到 7（非常高工作负荷）。视觉和听觉通道指任务所需的信号检测，认知通道即为信息处理，作动通道指完成任务所需的物理动作。VACM 方法使用直接的方式量化了一个任务是否可以被安排执行，假设每个通道都有一个负荷水平，并且各个通道的负荷是独立的，例如，假设对于任务 A，$M=2$，$V=4$；对于任务 B，$V=2$，$C=2$。如果正在执行任务 A，由于每个通道的总工作负荷值小于 7，那么任务 B 可以与任务 A 同时被执行，其中 $M=2$，$V=4+2=6$，$C=2$。

表 2-9　VACM 值及其含义

值	视觉通道值含义	值	听觉通道值含义
0.0	无视觉活动	0.0	无听觉活动
1.0	查看/探测图像	1.0	查听/探测声音
3.7	辨别不同	2.0	接收声音，一般性的
4.0	检查/核对（离散查验）	4.2	接收声音，选择性的
5.0	视觉定位/匹配（选择定位）	4.3	鉴别声音反馈（预期声音出现探测）

续表

值	视觉通道值含义	值	听觉通道值含义
5.4	视觉跟踪/跟随(维持定位)	4.9	内容语义含义解释(言语)
5.9	阅读(符号)	6.6	辨别声音特性
7.0	视觉扫描/搜索/监视(连续/串行查验,多条件)	7.0	语音模型解释(重复频率等)
0.0	无认知活动	0.0	无作动活动
1.0	自动(简单关联)	1.0	言语
1.2	选择	2.2	离散动作(按钮,开关)
3.7	符号/信号识别	2.6	连续调整(飞行控制,感应控制)
4.6	评价/判断(考虑单因素)	4.6	操纵
5.3	编码/解码,回忆	5.8	离散调整(旋转轮,垂直指轮,手柄位置)
6.8	评价/判断(考虑多因素)	6.5	产生符号(书写)
7.0	估计,计算,变换	7.0	连续离散操纵(键盘输入)

数据来源:McCracken J H, & Aldrich T B (1984 年). Technical note ASI479-024-84. Fort Rucker, AL: Army Research Institute, Aviation Research and Development Activity.

2. 与航空器设计有关的因素

驾驶舱设计中的人机界面问题一直是飞机制造商十分关注的问题,两家民机制造商(波音和空客)一直高度重视工效学,波音在驾驶舱设计中强调飞行员的主观能动性,自动化辅助飞行员进行决策。而空客则强调人为差错不可避免,尽可能地让自动化代替飞行员的操作。虽然它们在驾驶舱设计上有所不同,但是 Crew-Centered 是它们共同的设计理念。从波音和空客的设计理念以及产品的实际运行情况来看,这两种设计在人为差错事故率的降低上并无显著的差异,因此两种理念各有优、缺点。现代飞机驾驶舱自动控制系统已经达到了非常复杂、相当完善的程度。从理论上讲,自动化在某些方面取代了人,避免了人为差错,从而使航空器的运行更加安全。但是,世界上仍然在不断地发生航空事故。自动化技术的引进改变了飞机驾驶舱的人机界面和飞行操作方式,这些事故和事故征候表明,自动化设备的故障和人机界面设计不匹配是事故的关键因素之一。自动化的引入,已成功地消除了某些类型的差错,但另一方面,却发生了差错的转移。虽然自动化可消除一些小的差错,但它可能会增加出大错的可能性。最近,研究的关注点转移到驾驶舱自动化与飞行员差错事故之间的联系。当飞行员过度依赖自动化时，他们更容易失去情景意识，失去情景意识后，最容易导致的差错事故就是可控飞行撞地(CFIT)。Jentsch 等人的研究结论是，失去情景意识后，操纵飞机的飞行员与未操纵飞机的飞行员相比，更可能出错。这个研究还证实，机型、飞行阶段和气象也与情景意识丧失有关。Cohen 认为，不舒服的座椅会导致操作差错，继而引发事故。工程师们一直在探索各种各样的方式来预防航空事故的发生，如设计更好的仪表和控制面板。O'Hare 等人通过研究发现，随着天气以及其他的一些导航显示器变得越来越精密和复杂，飞行员的决策过程也从战略性决策向战术性决策转变。飞行员战略性地使用这些显示器也许可以避免危险，然而，如果飞行员战术性地使用这些显示器，也许可以得到一条穿过危险天气区域的路径。

NASA 的 Langley 研究中心做了一项关于通过设计控制飞行机组差错的研究。该研究根据人为因素和以人为本的设计原则，导致了设计需求上的变化。Langley 研究中心从一个未用过的版块(即没有现有设计的约束)开始尝试设计一个"以人为中心"的飞机驾驶舱，这项尝试将基于现有的以人为中心的设计观念和任务管理种类的研究，这个设计与飞机使命和功能的人性化模型相匹配，以减少不自然的或非直观的界面，得到的结果将是一个飞机驾驶舱设计的建议和评价，包括培训和操作程序以及设计的评价。

在驾驶舱人机界面设计时需要回答以下几个问题才能确保界面提供的信息与飞行员的信息需求匹配：

1)系统能否简单、明了、及时地为飞行员提供关键的信息？

2)设计能否使飞行员理解操纵系统需要什么认知过程，怎样实现系统目标？能否有助于获得一个准确的系统构思模型(mental model)？

3)设计能否使人认识到系统和指示信息的连贯性？能否使人注意到系统设置时的异常和矛盾的地方？

4)设计能否使人在连贯性和相应反应之间进行转换(如视觉反应)？

5)是不是认知系统的表面特征就能够实现绝大部分有效的任务目标特性？

6)在不会使得认知负荷过重的情况下设计能否获得足够的信息？

3.与航空公司有关的因素

Wen ChinLi 等人研究了不同地域文化对差错事故的影响后发现，亚洲和非洲的人为差错事故率要高于欧洲和美洲，经过进一步研究发现，导致这一差别的原因与操纵飞机无关，而与公司的管理和组织形式有关。Hans - Juergen Hoermann 等航空公司选拔飞行员时对社交能力进行了研究，研究结果显示，社交能力与个性具有显著相关性。McFadden 开发了风险模型来预测美国航空公司飞行员差错引起的事故和事故征候。这个模型首次以各个航空公司的信息为基础来可靠预测飞行员差错。

Luxtmj 等人开发了航空安全风险模型(Aviation Safety Risk Model, ASRM),该模型可用于对系统的风险进行分析。ASRM 以人为因素分析与分类系统(HFACS)为基本框架,以贝叶斯网络为工具,在历史数据的基础上充分考虑专家意见,以解决风险分析模型中的不确定性问题。ASRM 研制成功后在美国海军和民用航空中先后得到应用。Hadjimiehael 和 MeCarflay 研究开发的飞行运行风险评估系统(Flight Operations Risk Assessment System,FORAS)用来降低可控飞行撞地(CFIT)、航空器失控(LOC)、跑道侵入等发生的风险。FORAS 是一套基于模糊专家系统的风险管理工具,该系统先对风险进行编码分类,通过分析日常系统中风险发生的频率和后果严重程度,建立量化风险数据库,作为静态数据源。在风险评价过程中不是按照传统方式(如仅依靠统计数据),而是结合动态和静态数据来分析风险因子,利用飞行过程中实时传递的飞行参数,以适当的数学模型(比如 AHP 和模糊理论)来分析和预测风险的。

欧洲研究小组和航空公司建立的非技术技能系统(Non - Technical Skill System,NOTECHS),该系统用来评估飞行机组在驾驶舱内的操作表现,认为非技术技能主要包括四类技能:合作、领导与管理、情景意识、决策。其中,合作、领导与管理技能是社会技能,情景意识和决策则属于认知技能。各类技能又进一步细分为不同行为成分:合作技能包括团队建设和维系、体谅他人、支持他人、人际冲突的解决;领导与管理技能包括权威与自信的使用、提供和维持标准、计划和协调、工作负荷的管理;情景意识包括设备系统的意识、环境意识、时间压力和对眼前事件的预期;决策包括问题诊断、选择归纳、风险评估、做出选择、结果评价。

ECCAIRS 系统是欧盟航空事故和事故征候联合报告系统的缩写。1989 年,欧盟委员会提出综合研究欧盟各成员国的航空事故和事故征候以改善航空安全的思想,随后进行了该系统的可行性论证,1998 年研制出了第一个 ECCAIRS 版本,并于 2000 年出台了民用航空事件报告指令草案。2003 年 6 月 3 日,欧盟委员会采纳了 2003/42 指令,该指令对改进航空安全的有关信息报告、收集、保存、保护和发布做了明确的规定,该指令于 2005 年 7 月 1 日开始强制执行。ECCAIRS 系统加强了欧盟内部航空安全信息综合和分析能力,提高了效率和信息共享水平。

4. 与环境有关的因素

对驾驶舱内部环境的研究显示,驾驶舱温度和噪声水平会影响飞行员的表现。已经有几起因为语音交流不畅而导致的人为差错事故,说明噪声对驾驶舱人为差错有影响。另外,虽然航空公司针对飞行员的培训和管理在不断进步,但是与天气因素相关的决策差错造成的航空事故仍然占有很大的比例。

2.4.2 飞行员失误机制分析

从信息处理的角度来说，飞行员执行任务的过程就是信息处理的过程，飞行员的失误发生在信息处理的某个过程或某些过程。本书从对飞行员失误影响较大的4个方面出发，对其失误的机制做探讨，主要是长时记忆、工作记忆、决策、执行。

1. 长时记忆差错

长时记忆系统是将输入的刺激信息与系统中的信息进行比较与模式匹配，一部分信息被激活，这部分被激活(称为主动记忆)的信息送入工作记忆系统。该阶段认知活动最为复杂，涉及很多心理活动，记忆的提取与存取，注意的分散与集中，对特定的飞行情景进行分析推理，保持较高的情景意识，这个反应通常是非常短暂的一个过程。这个阶段也是容易产生失误的阶段之一，飞行员需要良好的记忆力，特别是在某段时间内对空中交通动态的短期记忆能力，对一些冲突信息的识别记忆。集中注意力、强迫记忆是提高短期记忆力的较好方法，另外，利用各种设备的提醒、标注功能(包括飞行进程单的摆放)和机组内的相互监控、提醒是防止疏漏和遗忘的有效防火墙。

如果发生的异常情况十分复杂，或从未遇到过，飞行员不得不运用所掌握的基本知识深入考虑造成异常的原因并采取相应的措施，这个时候对于新手来说就会比老飞行员容易出错，由于新手的长时记忆中存储的知识体系和建立的相应动作识记过程有可能不完善，驾驶信息与反应、判断及其动作系列不能构成比较灵活应变的动态暂时联系。这些就有可能使飞行员对危急意外情况不能及时发现，或虽已发现，但却不能引起及时、正确的反应，导致陷入紧迫局面。同时，一旦遇到复杂状况，由于没有正确的预测、分析和应对能力，飞行将会陷入被动、混乱的境地，这个时候发生事故的概率就会大大增加。

动态系统中飞行操作的一个基本特征就是反射，而反射是人体对某种特定刺激的一种特定“回答”，往往是不区分条件、环境的。如果飞行员是新手，并且训练不足或者经验不够的话就会造成程序性记忆中存储的关于操纵技能、动作模式等一系列的知识不到位。当面对不同的状况和机型时，依然按照之前的操作程序、操作规则，这样就会造成事故或者事故征候，并且如果程序性记忆中存储的专业技能不足的话，就会使飞行员在处理飞行中发生的问题时的成熟程度不够，思路窄，方法少，思考时间过长，技术应变能力差，导致飞行工作中的准确性差，效率低，难以应付高强度或复杂的工作局面。

然而对于经验丰富、训练到位的老飞行员来说，以往的经验和习惯对飞行来说也会有负面的影响，航空领域是不断发展和进步的，飞行中各个环节都在不断地变化和改进，对于老飞行员，当面对不断变化的飞机状态时，依旧按照以往的经验和习惯处理遇到的问题，也会造成将一些信息误处理或使用不正确的手段和方法，并由此引发一系列的事故和事故征候。

2. 工作记忆差错

在进行学习、记忆、思维及问题解决等高级认知活动时，人们需要一个暂时的信息加工存储机制，心理学家称之为工作记忆。工作记忆（Working Memory，WM）指在执行认知任务过程中，用于信息的暂时储存与加工的资源有限的系统。工作记忆是在进行认知活动的同时保持相关信息的系统或机制，工作记忆被形容为人类的认知中枢（hub of cognition），是当前认知心理学和认知神经科学中最活跃的研究领域之一。

工作记忆存储从长时记忆提取出来的以备暂时使用的信息，而它自身的存储容量也会限制从长时记忆中提取信息的数量。也就是说，任何时刻只有一定数量的心理项目可能被激活并处于活动状态。工作记忆的容量为 5～9 个信息组块。工作记忆容量反映了个体注意资源的容量，工作记忆容量高的人应该有较高的注意资源容量。如果飞行员在短时间内记忆的信息量过大，就有可能造成机长和副驾驶员之间的交互困难，也容易出现差错。假如机长在监控一项主任务的同时监控一项或几项非主要的任务，这就会造成机长的注意资源被完全占用，副驾驶员所提出的一些建议或意见不能够引起机长的注意，造成主、副驾驶之间的交流出现障碍，机长无暇顾及副驾驶员的监控任务，引起两者之间的监控任务不充分和不合理，有可能使一些该监控的任务没有被监控，不需要监控的任务反而被监控了，在紧急状态下，可能一些重要的信息没有被注意，造成失误或事故。

当飞行员在短时间内记忆的信息超过工作记忆的容量时，会引起 ATC 通信故障，对于空中交通管制员给出的操作指示或规则忽略或遗漏，造成信息掌控的模糊和不全面，在紧急时刻，飞行员就无法做出快速、准确的反应或者飞行员会浪费很多时间去寻求解决问题的方法，忽视了一些重要特征，这些都是造成飞机失事的原因。

另外，如果飞行员在短时间内记忆的信息超过工作记忆的容量，就可能使飞行员在短时间内处于过高的工作负荷状态，引起飞行员紧张，注意的范围可能会过分集中于某个飞行员认为十分重要的信息上，这个时候其他的（事实上同样重要的）信息则被排除于注意之外，这个时候所获得的信息就是不完整的，从而造成飞行员面对复杂、特殊的情况时，不能做出正确的判断和决策，威胁飞行安全。

3. 决策错误

决策是飞行员信息加工的核心环节。决策是以判断为前提，并受记忆和注意品质的影响。要做出及时和正确的决策，就需要在工作记忆中保持几种假设及这些假设的先验概率。判断是决策过程的重要组成部分，因此，有的研究甚至把它作为决策的代名词。

在决策阶段，导致人类错误的一个非常重要的诱因是虚无假设和错误推论。这类错误已经诱发了不计其数的飞行事故。例如，有关条例规定：民航飞行员在没有接到 ATC 的许可前不允许擅自起飞或着陆。但在航空公司的飞行记录中却仍可查到许多未经许可便起飞的事例。在这些事例中，很少是由于飞行员故意要违反条例，绝大多数情况下都是由于一系列内外因素（急于想离场和误解了 ATC 的指令）促成了飞行员作出他已得到起飞许可的错误推论。与此相似，没有飞行员会故意飞错机场着陆，但在每个航空公司的档案记录中却仍可找到这类着陆错误。虚无假设最危险的特点是当事者一旦陷入便常常很难纠正，往往是采取虚无假设或错误推论容易，放弃它却异常困难，处于这种情境的人仿佛是被锁在了里面一样出不来。在日常生活中，我们常常可以看到这样的一种现象：有的人基于自己片面的认识，决定采取某种方式方法去完成某事，即便旁观者告诉他这样做是不行的，徒劳无益的，但有时却很难说服当事者，甚至会促使他加倍努力按既定的方式方法去完成他自认为正确的事情，而这种无效行动则正是建立在最初的虚无假设和错误推论的基础上的。飞行中，事故征候或言语警告虽然与飞行员的虚无假设相矛盾，但他仍然有可能坚持初衷，轻易地拒绝这些事实上是正确的信息和劝告，直到事情演变成不可逆转时才醒悟，通常是为时已晚。像这种改变虚无假设所遇到的阻抗现象曾经在许多事故中发现，特别是在引进座舱语音记录器（CVR）后，根据其他机组成员的质疑语言，进一步说明了当事者被虚无假设控制的力量。根据大量飞行事故的分析，以下几种情境最易使飞行员产生虚无假设：

第一，当一个人的期望过高时，它常发生于某人在长时间经历某一特定事件或情境后。第二，当飞行员的注意力转向其他方面时。第三，当飞行员处于防御心理状态时，处于这种状态的人都希望听到好消息，不愿听到对他们不利的消息，其潜意识目的是为了避免焦虑和回避问题。在这种状态下，当事者有可能在无意识中选择符合自己需要的信息，或者在无意识中修改输入的信息以便满足自己的需要。第四，在飞行员的注意力高度集中后的一段时间里，这是人类在竭尽全力维持注意力集中后所发生的一般反应，此时，飞行员以松懈的态度取代了精神紧张，认为紧张、困难的飞行已经过去，但真实的情况却不一定如此，转危为安的情境有时是飞行员错误假设出来的，上述情况有可能在飞行员飞完一段坏天气或复杂程序后发生，处于这种状态下的飞行员往往将“谨慎”二字搁置一边，即使在简单的气象条件下，他们也可能停错跑道。第五，当飞行员的动作记忆出现问题时，也有可能产生虚无假设和错误推论。

4. 执行差错

飞行员作出决策后，一定的行为便会被激发或者被抑制。在决策的指导下，使人的肌肉运动指向操作控制或使当前的动作受到抑制，这又是人类错误的另一个发源地。在日常生活中，我们常常可以观察到“答非所问”和“口是心非”的现象。而在飞行中也有可能出现决策与行动分离的情况，即想的与实际做得并不吻合。如果飞行员疲劳、控制器的设计质量低劣或者新飞机型与原飞机型的控制器相似，但移动方向却不相同，操纵错误就可能出现。

执行差错可以从“空间”和“时间”两个方面进行细化。从空间的角度出发，如果执行动作没有达到任务要求，那么此时的动作就是一种执行差错；如果任务存在顺序要求，那么若顺序出现混乱，此时的差错也肯定属于执行差错。从时间的角度出发，如果任务存在时间要求，那么任务执行时刻过早或者过迟，都属于执行差错。此外，如果任务是由一系列操作动作组成的，若仅仅按照顺序执行了部分动作，此时的差错可以单独作为一类，即执行部分动作(非完全差错)。

由此可见，在“执行差错/忽略”的基础上，人为差错被细分为五类不同的基本模式，分别为忽略、执行部分动作、执行差错(单个动作)、时间相关差错和顺序相关差错。其中，忽略仍然表示“当任务要求人工干预时，没有采取任何动作”；执行部分动作指的是执行某个包含多个子任务的任务序列时，仅仅执行了其中的部分子任务；执行差错(单个动作)指的是执行单个动作时，所采取的动作是错误的；时间相关差错指的是当任务存在时间要求时，任务执行时刻过早或者过迟；顺序相关差错指的是执行某个包含多个子任务的任务序列时，子任务之间存在顺序要求，执行顺序出现混乱。

5. 注意

综上所述，可以得出飞行员在对信息的处理过程中，从输入信息到加工信息直至对信息的提取和输出，注意都始终伴随着人类的认知过程，它犹如一种背景，对信息起着选择和分配意识的作用，虽然人类感觉信息的通道非常多，但注意却具有单通道的性质，虽然来自进近灯、高度表、空速表以及 ATC 的信息可以被飞行员感知到，但这都是注意单通道在不同的输入之间分时工作的结果。这种瓶颈口式的结构是整个信息加工系统的一道屏障。主要的原因便在于人类注意容量的有限性。按认知心理学的观点来说，这种有限性来源于人类智源的有限性和资源的有限性，如果同一时间里输入了太多的信息，人的思维就可能处于混沌状态。注意容量的局限性是导致飞行员注意分配和转移困难的基础。学员在初学飞行时，由于每一项任务对他来说都较陌生，都需要占据他较多的注意容量，因而常表现出注意分配困难、紧张，“错、忘、漏”现象时有发生。

注意的单通道性质决定了一些信息正在被加工时，其他信息便会被暂时搁置在一边，进入极易流失的短时记忆库里，以便等待单通道的开放。当对当前的信息加工完毕，单通道开放时，短时记忆库里的信息才会被提取出来，沿着特定的通路迅速传输到加工单元里。许多因素都可能影响这种工作记忆储存和提取的效率，这个过程也是人类错误的重要来源。着陆过程中忘放起落架的现象就有可能是飞行员准备放起落架，但被其他事件干扰所造成的。

2.4.3　飞行员失误的研究方法

飞行员失误的研究数据来源于航空事故调查分析。对飞行员失误的分析方法一般强调差错的发生不是一个个体行为，很少有个人导致的差错或事故，即人的绩效是多种因素相互作用的结果。

1. SHEL 模型

SHEL 模型（见图 2 - 25）是在航空人为因素研究领域使用最为普遍的模型，最初由爱德华教授提出。1975 年霍金斯提出修改框图，它是典型的系统取向模型，认为航空系统由软件（S，Software）、硬件（H，Hardware）、环境（E，Environment）和人（L，Liveware）4 个要素组成，各要素的界面必须谨慎匹配，不匹配可能会成为人为差错的根源，也就是说，如果处于中心地位的操作人员与其他 4 个界面匹配程度不够，系统内的应力就会过高，最终引起事故。因此，减少人为差错要从增加 4 个界面的匹配入手，这些界面包括：

图 2 - 25　SHEL 模型

（1）人-硬件界面（L - H）：研究航空从业人员与硬件之间的相互关系，硬件要怎样设计才能符合相关人员的特点，相关人员要怎样操纵硬件才能保障飞行安全，等等，如工作台设计、席位布局、键盘摆设、进程单架位置、荧屏大小、颜色、座椅调节、耳机话筒质量、雷达的位置各种功能等的设计。

（2）人-软件界面（L - S）：研究合理的操作程序、检查单及应急程序等，以便简化相关程序，减少工作负荷，防止人员出错。该界面主要包括工作手册、应急检查单、管制程序、信息程序、显示器的飞行进程图、信息牌、颜色的使用等的设计。

（3）人-环境界面（L - E）：这是航空系统中最早被人们认识到的一个界面。组织环境包括系统的安全观点，组织结构的安全性，企业的安全文化等；工作环境如温度、湿度、噪声、振动、高空气压等。

(4)人-人界面(L-L)：在所有民用航空活动中，人-人界面是最微妙，也是最重要的一个界面，如果班组成员之间出现裂痕，会影响信息交流与团结协作的质量，而且有可能会造成灾难性的后果。

人为因素调查必须确认 SHEL 模型各界面之间何处不匹配并造成了事故或是不安全事件的发生，因而在调查中收集相应的数据，对 SHEL 各组成要素进行全面评审和分析。航空历史上，以人-硬件研究为核心的人机工程学取得了很大的进展，航空业发展的头 50 年飞行事故的下降在很大程度上可归结于此。目前，SHEL 模型已被广泛用于事故/事件调查，有些国家还照此模型做成了检查单，作为查找人为因素差错、缺陷的工具，包括软件部分、硬件部分、环境以及人(生命体)。但它并没有指出各个因素之间的关系，只是能够让人比较全面地理解“人”在整个系统中的核心位置。

2. Reason 模型

Reason 模型(见图 2-26)是英国曼彻斯特大学的李森(Reason)教授于 1990 年提出的，经国际民航组织的推荐，该模型已成为航空事故调查与分析的理论模型之一。Reason 认为事故的发生是由系统失效引起的，而系统失效可以分为显性失效和隐性失效。前者会对系统造成即时负面影响，由不安全行为，即人为差错和违章所致；后者指不会对系统造成即时负面影响，具有延滞性，由组织过程中错误的决策、监察不到位及操作者准备不充分等所致。

与 SHEL 模型相似，Reason 模型提倡系统化的调查方法，它是典型的组织取向模型，它形象地描绘了组织管理与航空事故的直接联系，指出事故发生通常不是孤立事件的结果，其实质是组织管理层次上的漏洞，从而在行为层和导因层上产生了漏洞，如果各层漏洞串到一起，再加上无防错屏障，事故的发生也就在所难免了。

根据系统错误诱发因素的层次性特点，任何系统错误的诱发因素都可以根据其自身的属性分成不同层次。不论在哪一个层面上，都存在着许多缺陷或不足(像是被蛀蚀的孔)，这是由于人们对系统各要素认识不足、理解不透造成的。同时，由于系统的动态特性，事物的发展必然会带来许多新的问题，这也是存在缺陷的原因之一。然而，有缺陷并不一定爆发事故，只有当缺陷贯穿了各个层面时，事故才会爆发。防护不足、不安全行为的前提条件、管理层缺陷、决策者错误的决策等问题也说明，不爆发事故并不能否认缺陷已经存在。该模型充分展示了系统安全的思想，更为我们建立系统安全理论奠定了基础。

Reason 模型的特点在于它从系统的角度出发，除对人的不安全行为进行分析外，还更深层次地剖析了潜在的组织因素。从这一模型可以明确看出：不能孤立看待人员操作的问题，特定的组织因素造就了一线人员不安全行为的前提和条件，这些“潜在条件”随着系统的复杂化和联系的紧密化作用越来越强，对于航空业这样先进的社会技术系统，组织因素已经强化到起决定性作用。

Reason 模型在很大程度上改变了传统的事故原因观点，但是，它只是一个理论模型，没有解决在航空领域如何应用的问题，没有明确“奶酪上的洞”具体指的是什么，要解决这一问题，需要把理论与实践联系起来，即用 Reason 模型，开发出一个航空人为因素分析总体框架。

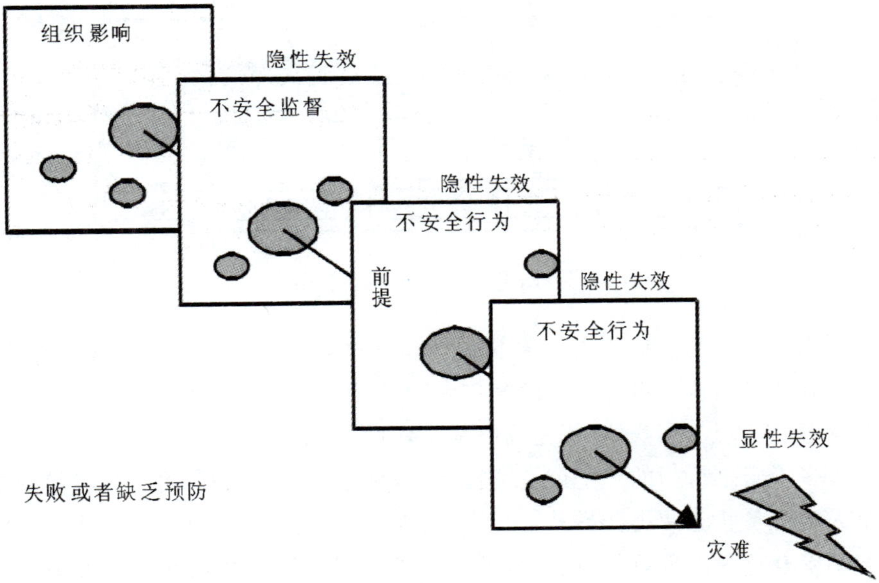

图 2－26 Reason 模型

3. HFACS(Human Factors Analysis and Classification System)

HFACS(见图 2－27)是 Reason 模型的变形，对不安全行为及其诱发因素提出了较为详细的编码构想。它最初是为军用航空设计的，但在民用航空领域也表现出其有效性。HFACS 描述了 4 个层次的失效，每个层次都对应于 Reason 模型的一个层面，这 4 个层次分别为不安全行为、不安全行为的前提条件、不安全监督和组织影响。不安全行为直接导致事故的发生，可分为差错和违章，差错是由于种种原因没有完成想要做的事，它不是操作人员故意造成的，违章却是故意地违反程序、规章的行为。

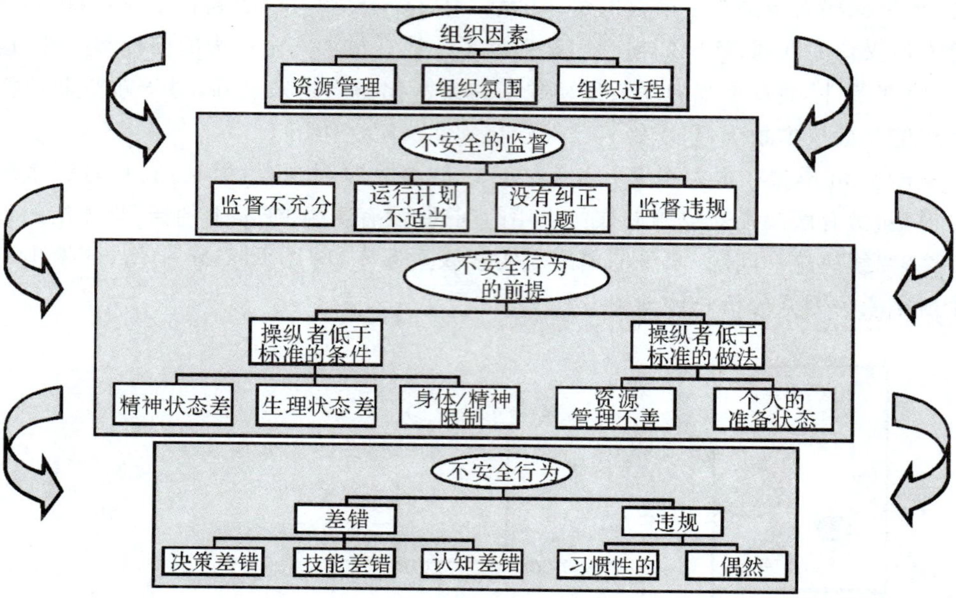

图 2-27　HFACS模型

不安全行为的前提是指导致不安全行为的主、客观条件，包括操作者状态、人员因素和环境因素。很容易理解操作者的状态导致了不安全行为的产生，无论是精神状态、生理状态、身体/智力局限都会影响相关人员的工作绩效，同时，机组常常为很多不安全行为的产生创造前提条件，称之为人员因素，可分为机组资源管理和个人的准备状态两类。另外，除了人员因素，环境因素也会导致操作者的状态降低和不安全行为出现，可以把环境因素归为物理环境和技术环境两大类。人们早已认识到物理环境对飞行员的影响，如气象、地形、高温、高压等，然而，飞行员所处的技术环境对其绩效也起着重要作用，包括设备设计、检查单编排、任务因素和自动化等。

除去与运行人员有关的因素外，管理层也对事故的发生负有责任，于是把管理层的不安全监督分为4类：监督不充分、运行计划不适当、已知问题未解决、监督违章。监督人员扮演的是为其全体员工提供成功机会的角色，为此，他们必须提供指导、培训、领导、监督、激励，并不惜一切代价来确保工作安全。任何成功的组织都有健全的专业指导和监督，如果监督不充分，例如没有提供适当的培训，或是机组搭配不当，没有及时纠正不安全行为或是监督者故意忽视现有的规章制度，允许没有资格、没有驾驶证的飞行员来驾驶飞机，等等，这些都会滋生安全隐患。

由于缺少用来调查的清晰框架，组织性差错经常被人们所忽视，但组织差错往往是导致事故的根源。一般来讲，组织的影响与资源管理、运行过程和组织文化有关。资源管理围绕安全和生产两个目标来进行，在航空业繁荣之时，这两个目标都能很容易地满足，得到平衡，然而，在财政紧缩的时候，需要对两者进行一些取舍，这时人们首先放弃的往往是安全，过度削减安全方面的开支可能会导致购买新设备的资金不足、维护不及时，等等，从而滋生安全隐患。组织影响包括影响工人绩效的多种变量，主要有公司的工作氛围、政策、文化等，而运行过程则涉及公司的规章、决策、标准操作程序和常规方法。

有关研究表明，用 HFACS 模型对飞行机组、管制员引起的人员失误事件的调查与分析效果比较好，其构想值得借鉴，但是，并不是所有的组织都具有这些程序，并且这些组织也未采用保密报告系统和安全审计以积极参与人为因素问题的监控，同样，在事故发生前，监督人员和管理人员通常没有意识到这些问题，事实上，事故是一个或多个不安全事件的集合，积极寻找“奶酪上的洞”并在它们成为灾难机会窗口之前将它们堵上将是每个组织的责任。

4. MEDA 维修差错决断工具

MEDA(见图 2－28)是波音公司的维修差错辅助决策，最初是一个严格的结构差错调查过程，用于寻找导致事故的贡献因子。其核心原理是，人不会故意犯错，通过对 MEDA 使用流程分析可知：在与维修工作相关的差错事件发生后，MEDA 找出与事件相关人员后就直接对相关人员进行谈话以求找出诱因，这样的调查分析结果的可信度较低，与调查人员的访谈水平成正比。MEDA 将常见的差错罗列出来，总共 40 多类，这样不加以逻辑、系统的列举式的分类，会使调查人员对几次本质上相同的差错事件进行分开归类，进而使数据的收集和分析变得烦琐和杂乱。MEDA 未考虑深层次的人的认知行为而进行差错分类，这将使差错分析难以得到本质原因。

5. THERP(A Technique for Human Error Rate Prediction)

20 世纪 80 年代初，Swain A. D.，Guttmann H. E. 等著名人因分析专家，经过多年艰苦细致的工作，完成了研究报告“Handbook of Human Reliability Analysis with Emphasis on Nuclear Power Plant Applications”(人因可靠性分析手册)。在该报告中提出了一套完整的人员可靠性分析方法——人的失误率预测技术(THERP)，这套方法问世以来，已被美国等多个国家广泛用于核电站、石化工业、大型武器系统等领域的风险评价之中。

THERP(人为失误预测法)这种分类方法描述了两种不同形式的差错，其中，执行差错表示“针对某个任务，采取了某个执行动作，但这个动作是错误的”，这包括两方面的含义，其一，当任务要求是不执行任何动作时，那么此时若采取了动作就属于执行差错；其二，当任务要求采取相关动作时，此时若采取了与要求不相符合的动作也属于执行差错。忽略则表示“在应该执行相关动作的情况下，没有采取任何动作”。

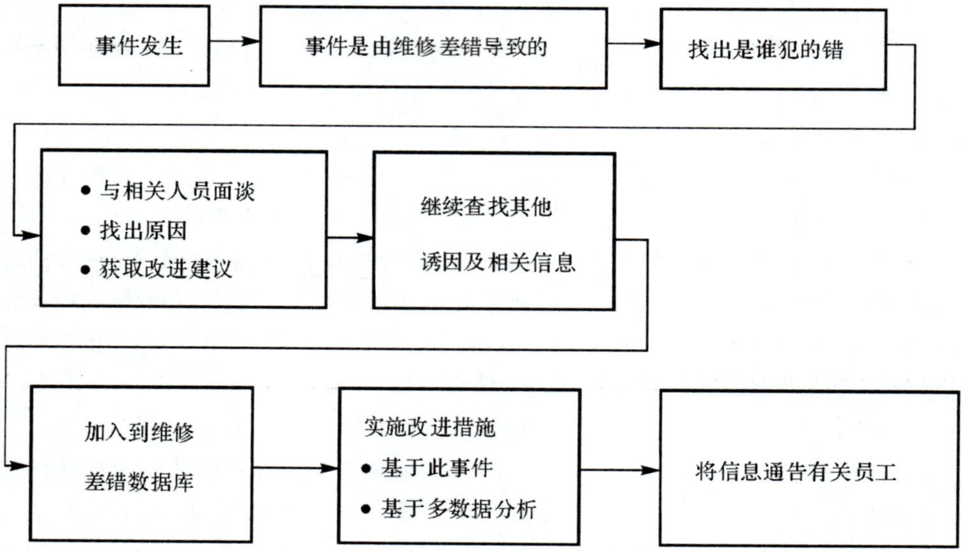

图 2-28　MEDA 维修差错调查方法

用 THERP 方法完成人的失误概率定量化计算包括 4 个阶段：

(1)系统熟悉阶段。该阶段对系统进行考察访谈与资料收集，需完成以下任务：①了解该事件树和故障树中有关的人的失误事件；②了解与基本事件有关的人员任务；③人进行此项任务时的边界条件，包括控制室的特点，系统的总体布置，行政管理系统，任务的时间要求，工作人员的指定职能技术要求，报警症状，恢复因子等。

(2)定性分析阶段。进行任务分析，了解人员每项任务的内容并将它分解为相应的一系列连贯的动作或子任务序列；找出人机系统相互作用的界面；判断人在完成任务时所产生的失误的类别，对于分解得到的每一项子任务，同时必须查明以下几点：①动作实施的设备或仪表；②要求操作人员的动作；③可能潜在的人因失误；④控制器、显示器、操纵阀的位置等。当任务是由不同的人员完成时，还需了解人员之间的监督关系对人员动作失误的恢复关系。

(3)定量分析阶段。对 HRA(人因可靠性分析)事件树的定量评价。首先是基本 HRA 赋值，即 HRA 事件树的定量评价，分别得到串联型和并联型任务的成功概率和失败概率。

考虑相关性及计算成功与失败概率，由于在 HRA 事件树中，人的失误概率因人员差异有很大差别，因此，为了得到在 HRA 事件树中子任务的实际概率 HEP，必须先估算行为形成因子(PSF)，考虑相关性及计算成功与失败概率，从而进行修正。一般而言，修正可用以下通式表示：$HEP=BHEP\cdot(PSF)_1(PSF)_2\cdots$，HRA 事件树的每一项子任务之间可能具有相关性，按照 Swain 手册提供的方法，可将任务之间的相关情况分成 5 类：完全相关(CD)，高相关(HD)，中相关(MD)，低相关(LD)，以及零相关(ZD)，确定恢复动作的影响。

(4)结果的应用阶段，即结果在 PSA 的考虑阶段。

6. TEM(Threat and Error Management)

TEM(Threat and Error Management)起源于 University of Texas human Factors Research Project(UT)与 Delta 航空公司在 1994 年的一个合作，是学者从实践中获得的理论，TEM 已发展成为一个人因研究与应用的体系。

如图 2-29 所示，威胁是指一切不由运行人员自身控制的、增加运行复杂性、提高运行难度、易于造成伤害及损失的外部根源或状况。通过预测、辨识威胁、分享信息、修复的过程来识别和管理威胁。差错是由运行人员的行动或不作为所导致的偏离预期的行为，运行人员识别差错后，对差错的反应直接决定了可能造成的影响，再对差错进行修正，非期望状况是由于运行人员对威胁或差错管理不当，造成系统偏离预期的正常状况进入到危险的状况，对于非期望状况的管理类似于差错。

TEM 的应用体现，首先是预测，通过 TEM 收集的数据，统计分析运行中容易导致差错的威胁、隐患等在运行中建立警惕意识；其次是识别，通过 TEM 训练建立的威胁管理、差错管理和非期望状态的管理机制，在其出现时及时、迅速地发现、识别和分类；最后是纠正和修复，当出现错误和意外状态时，首先有效地纠正和恢复安全，然后再分析原因。

7. CREAM(Cognitive Reliability and Error Analysis Method)

CREAM(认知可靠性及差错分析方法)是由 Erik Hollnagel 于 1998 年正式提出的，其核心思想为人的性能并不是孤立的随机行为，而是依赖于完成任务时所处的环境。采用情景依赖控制模型(COCOM, Contextual Control Model)作为认知模型的基础。认知控制模式也分为混乱的(Scrambled)、机会的(Opportunity)、战术的(Tactical)和战略的(Strategic)4 类，每一类控制模式对应这一个认知行为的差错概率(Cognitive Failure Probability,CFP)区间。

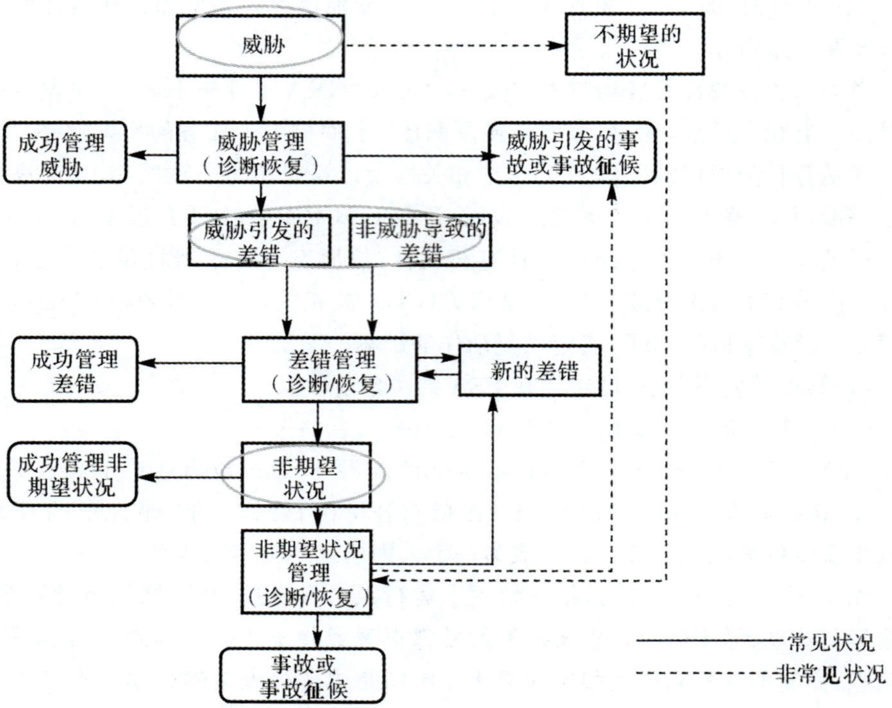

图 2-29　威胁与差错管理模型

第3章 驾驶舱布局与环境

驾驶舱的主要功能在于保证飞行员能够获取足够的外部信息，并对飞机进行操纵，以实现飞机的安全飞行。驾驶舱布局与环境的人机工效设计主要是驾驶舱设备布局设计以及微环境设计。所有的设计都应该在保证安全性的前提下，提高其工效设计水平。

3.1 驾驶舱布局

飞机驾驶舱布局设计需要根据飞机的总体指标去规划、协调飞机的操纵/控制、通信和导航等机载系统设备的布局和布置，使飞行员在舒适的状态下，迅速、准确地获取各种反映飞机工况的视觉、听觉和触觉信号，并按需做出正确、无误的操纵、控制指令，以完成飞行任务。本章旨在通过对驾驶舱总体布局、显示系统、操纵系统以及其关键的座椅设计对工效的影响上说明驾驶舱布局设计对工效的影响。

3.1.1 总体布局

不同的驾驶舱布局形式由飞机的类型决定。目前民用飞机驾驶舱位于飞机机身头部，基本上采用双乘制。驾驶舱的布局涉及结构、航电系统、电源系统、起落架系统、飞行控制系统、燃油系统、环控系统、氧气系统、内设系统、防火系统等的综合布置。驾驶舱内的主要组件有仪表板、遮光罩、中央操纵台、顶部控制板、左右操纵台、飞行控制系统、天花板、电源、照明系统、空气管理系统、座椅及其他设备。民机驾驶舱的基本布局图如图 3－1 所示，图 3－2 为 A380 的驾驶舱布局图。

驾驶舱的布局设计是飞机的总体技术要求，需要综合考虑的因素包括人体测量学、人机界面定义、以飞行员为中心的设计理念、系统集成与信息综合，以及试验与评估方法等。不同的飞机类型，驾驶舱的布局形式不同，民机的双乘制与军机的单人制或三人制一样都是由飞机的任务类型决定的。

民机驾驶舱总体布局的人机工效设计即为驾驶舱内设备的设计及布置要满足飞行员的可视性、可达性以及操纵舒适性和操纵效率等的设计，因此，驾驶舱布局的人机工效设计需考虑设备的重要度级别、可理解性，以及操纵的难易程度等，并以飞行员的可视性、可达性等基本的人体测量学参数为依据进行布局设计。

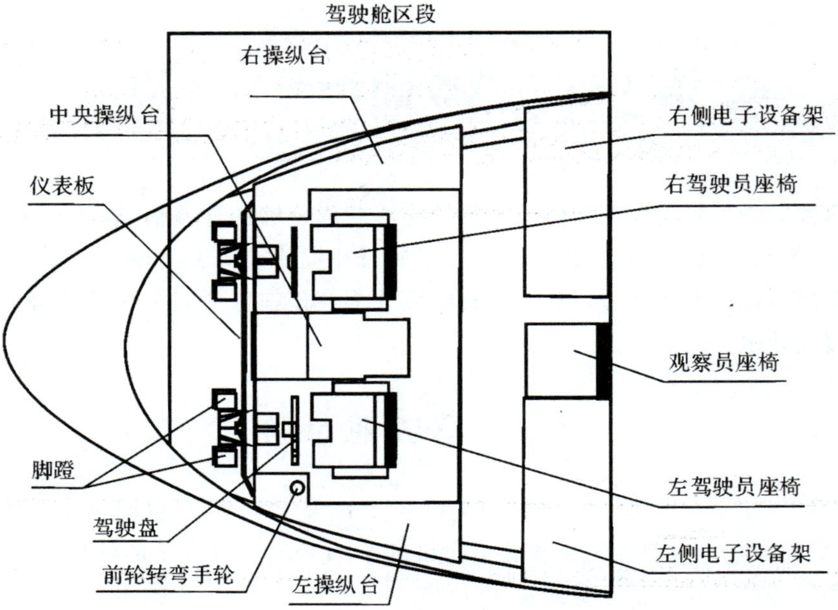

图 3-1　民机驾驶舱基本布局图

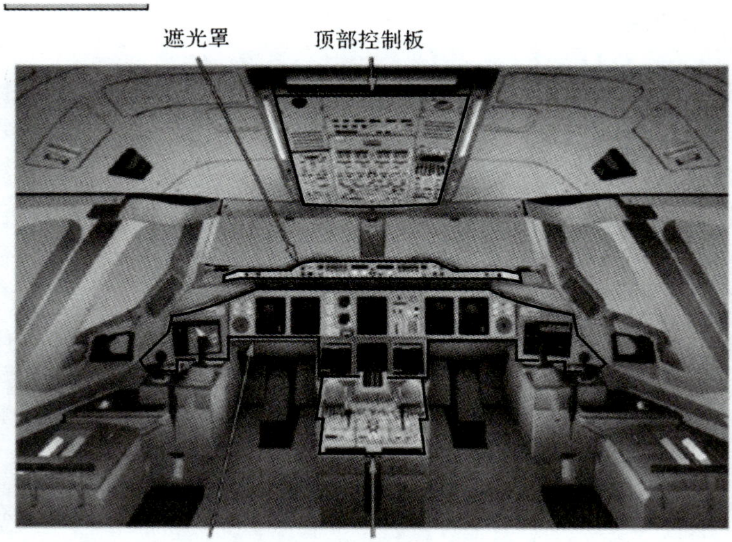

图 3-2　空客 A380 的驾驶舱布局

驾驶舱布局如果没有考虑人机工效，仅仅从功能实现的角度上进行设计，那么此驾驶舱的安全性和操纵性都得不到保证。一般而言，驾驶舱的人机工效设计主要是保证操纵装置如驾驶杆、油门杆、转弯手柄等都处于飞行员的手部可达区域内，并且根据重要度及使用频率的不同进行不同位置的布局；显示设备如主飞行显示器、导航显示器、告警灯等都应处于飞行员的可视区域内。重要和操作频繁的设备应该安排在飞行员的一级可达区域内和飞行员的主视区内，方便飞行员观察和操作。

驾驶舱布局的关键设备是飞行员座椅，飞行员座椅的设计以及布置位置关系到整个驾驶舱内设备的布局和飞行员的操纵效率。在驾驶舱人机工效设计中，应该在保证飞行员设计眼位的前提下，以座椅的中立位置参考点为基本出发点，以飞行员的可达性、可视性以及认知功能性为依据进行其他设备如地板高度、操纵台、驾驶杆、油门杆位置的设计；以飞行员的最小视界范围为依据设计驾驶舱的风挡等（详见第 4 章）。

因此，驾驶舱总体布局必须考虑人机工效才能设计出安全、舒适、高效的驾驶舱。

3.1.2　操纵系统

操纵系统是保证飞行员完成各种操纵动作，为飞行员提供动作输入，使得飞行员能够调整和控制飞机的飞行姿态的设备，一般包括驾驶杆、油门杆、刹车手柄、襟副翼手柄以及遮光罩、中央控制台、左右操纵台和顶部控制板上的各种按钮。现代飞机（A380）的操纵系统如图 3－3 所示。

有效飞行操纵装置的产生是航空器发展过程中至关重要的一步。早期的固定翼航空器在如何使航空器能够产生足够升力、离开地面方面获得了很大的成功，但是一旦离开地面，航空器就变成不可操纵的了，经常会造成灾难性后果。有效飞行操纵装置产生的目的就是让航空器能够进行稳定的飞行。

从运动学上来讲，航空器的运动可以分解为三维空间内质点的平动和航空器以自身质心为中心的转动。航空器姿态实际上就是指在不考虑与位置变化有关的平动情况下，航空器在以质心为原点的三维直角坐标系中的转动情况。换句话说，就是航空器绕通过其质心并相互垂直的 3 个轴的自由旋转情况。为了能够控制航空器姿态，飞行员应能操纵航空器在这些轴上的旋转运动。上述与航空器旋转运动有关的 3 个轴分别被称为纵轴、横轴和垂直轴，其具体概念如下：

直轴自上而下穿过航空器。这个轴上的旋转运动被称为“偏航”。偏航改变航空器机头在机身平面上的指向，即向左还是向右。在固定翼航空器上，主要的偏航操纵一般是由方向舵来实现的。副翼对偏航也有作用。

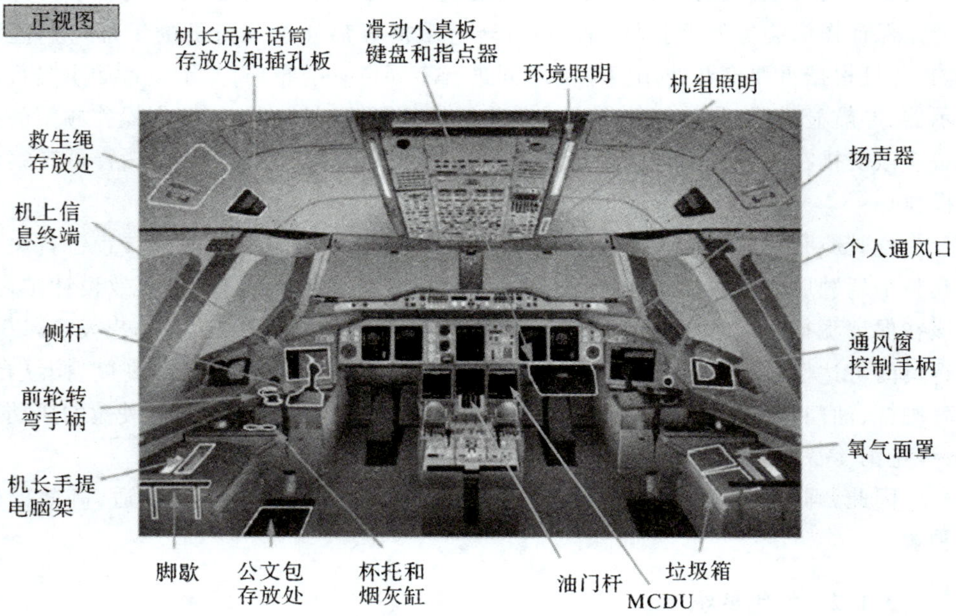

图 3-3　A380 的主要操纵设备及其布置

纵轴从前至后穿过航空器。这个轴上的旋转运动被称为“滚转”或“压坡度”。滚转改变航空器机身平面相对于重力方向的角度，飞行员可通过增加一侧机翼升力并减少另一侧升力来改变坡度，升力的差异导致航空器绕纵轴的滚转运动。副翼是主要的滚转操纵装置，方向舵对滚转也有作用，大型飞机有时也采用打开单侧扰流板的方法加速滚转。

横轴从左右两侧穿过航空器。这个轴上的旋转运动被称为“俯仰”，俯仰改变航空器机头在垂直面上的指向，即向上还是向下，升降舵是主要的俯仰操纵装置。

这 3 个虚拟的轴是随航空器一起运动的，而不是相对于地面静止的。当航空器运动时，这些轴相对于地面不但位置上会发生改变，方向也会发生改变，但相对于航空器机身却是没有变化的。例如，当一个航空器左侧机翼垂直指向地面时，此时航空器的垂直轴与地面平行，而横轴则垂直于地面(不考虑机翼反角)。为了更好地理解飞机的操纵装置，下面对飞机的主操纵面进行简单的说明，飞机的主操纵面是副翼、升降舵和方向舵，简述如下：

副翼——安装在每个机翼靠近翼尖的位置，两侧的运动方向相反。当飞行员向左移动驾驶杆或逆时针转动驾驶盘时，左侧副翼会向上运动，而右侧副翼则向下运动。向上的副翼减小所在机翼的升力，而向下的是增加升力，这样驾驶杆向左移动导致左侧机翼下降而右侧机翼上扬。因此，航空器产生向左的坡度，并开始向左侧转弯。将驾驶杆移动到中立位置，副翼也回到中立位置，这时航空器会保持坡度，并继续转弯，直到施加相反的副翼操纵使坡度为零，改为直飞。

升降舵——分别安装在机身尾部两侧水平安定面的后缘上。它们一同向上和向下移动。当飞行员向后拉驾驶杆时，升降舵向上运动，前推驾驶杆时，升降舵向下运动。上扬的升降舵给机尾一个向下的力，导致机头向上俯仰，这使机翼的气动迎角增加，产生更大的升力和阻力。驾驶杆回到中立位置后，升降舵也回到中立位置，飞机的俯仰变化停止。许多航空器使用全动平尾(一个可活动的水平安定面)来取代升降舵。

方向舵——安装在机身尾部垂直安定面的后缘上。当飞行员蹬左脚踏板时，方向舵向左偏移，蹬右脚踏板导致方向舵向右偏移，向右偏移的方向舵会在机身尾部产生向左的力，导致机头向右偏航。方向舵脚踏板回到中立位置后，方向舵也回到中立位置，飞机停止偏航。

飞机为了实现不同的运动形式，需要通过操纵装置操纵飞机的主操纵面和辅助操纵面来实现。飞机的主操纵面通过铰链或滑轨连接在机身上，因此它们可以移动并使流过的气流发生偏移，这种气流方向变化产生的不平衡力使得航空器绕有关轴线旋转。

不同的操纵装置有不同的作用，驾驶杆主要通过操纵副翼和升降舵控制飞机姿态和飞行路线；脚蹬操纵方向舵，控制飞机航向；油门杆通过改变飞机发动机的推力来改变飞行速度。目前的飞机油门都是自动控制的，按照飞机的飞行需求自动控制油门的大小，在自动控制不工作的情况下，飞行员可以人工推动油门杆来控制发动机的推力。这是飞机最基本的操纵装置，当然在驾驶舱中央操纵台、左右控制台和顶部控制板上还有很多操纵设备，比如襟副翼手柄、减速板手柄、刹车手柄、前轮转弯手柄等，这些装置依据对飞行的重要性以及使用频率的原则，以飞行员的几何特性为依据布置在驾驶舱的不同位置。根据布置区域可以分为以下几个部分：中央操纵台、左/右操纵台、顶部控制板、遮光罩，而驾驶杆由于其不同的布置形式也作为单独的一项列出。

(1)驾驶杆：驾驶杆主要控制飞机的俯仰和偏航两个姿态。驾驶杆在驾驶舱中的布置目前有两种形式，侧杆和中央盘式。空客公司的飞机是侧杆形式，波音公司的飞机为中央盘式结构。侧杆式一般布置在左右操纵台上，中央盘式则布置在飞行员正前方。两种布置形式各有优、缺点，如图 3-4 所示。

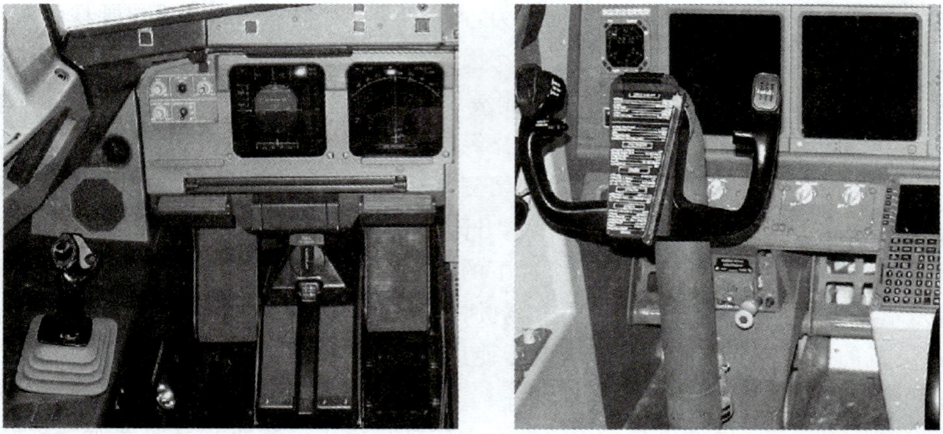

(a) (b)

图 3-4　不同类型的驾驶杆

(a)侧杆；(b)中央盘式

采用侧杆的优点：

· 有利于采用最佳眼位，扩大舱外视野；
· 有利于操纵前方控制；
· 改善前方显示器的可视性；
· 扩大仪表板上的可用空间；
· 方便飞行员进出；
· 提高飞机的防撞性；
· 可增大座舱有用空间或减小座舱尺寸设计；
· 减轻控制系统质量；
· 降低驾驶杆对座舱空间的要求；
· 降低维护成本；
· 改善飞机的操纵品质；
· 降低飞行工作负荷；
· 结合后倾座椅，提高飞行员抗过载能力；
· 结合臂托，减少飞行员的惯性振动；
· 增加飞行的舒适性。

侧杆驾驶装置的缺点：

· 无法换手操纵飞机；

· 自动驾驶模态的反驱动设计比较困难；

· 由于操纵行程小，飞行员难以精确操纵；

· 人感系统设计困难；

· 存在交叉耦合(cross coupling)问题。

采用中央驾驶盘的优点：

· 对称操纵；

· 操纵行程大；

· 操控性更好。

中央驾驶盘的缺点：

· 使飞行员看仪表板的视野受到影响；

· 空间小；

· 布置时考虑飞行员的入座空间，根据人体测量尺寸确定驾驶盘高度和行程。

(2)中央操纵台：中央操纵台上一般布置有通信面板、油门杆、襟翼、缝翼、停机刹车等控制机构，依据不同的机型有不同的布局设计。一般根据与飞行员可达域的位置关系，根据不同控制机构的重要度和使用频率原则进行布置设计。一般驾驶舱的中央操纵台布置的主要设备如图 3－5 所示，图 3－6 为空客 380 飞机的中央操纵台主要设备布局。

(3)左/右操纵台：左/右操纵台主要根据飞机机型的不同布置不同的设备，主要为飞行员提供安放设备以及安放与飞行员有关物品的位置，这些物品主要包括应急氧气面罩、杯托、地图、书和机组人员放包的地方；另外驾驶杆、前轮转弯手柄等，也会布置在这个位置。一般驾驶舱的左/右操纵台的布置如图 3－7 所示。

(4)顶部控制板：顶部控制板上没有大的操纵设备，主要是安装一些控制器件，如驾驶舱语音记录器、呼叫和旅客信息控制板、防冰控制板、电源系统控制板、液压控制板、发动机启动/点火控制板等。一般驾驶舱的顶部控制板布局如图 3－8 所示，A380 的顶部控制板布局如图 3－9 所示。

(5)遮光罩：遮光罩是飞行员视觉和手部可达性都比较好的区域，一般会布置比较重要的控制按钮，如主警告设备、起落架收放按钮等，空客 A380 的遮光罩上的操纵装置布置如图 3－10 所示。

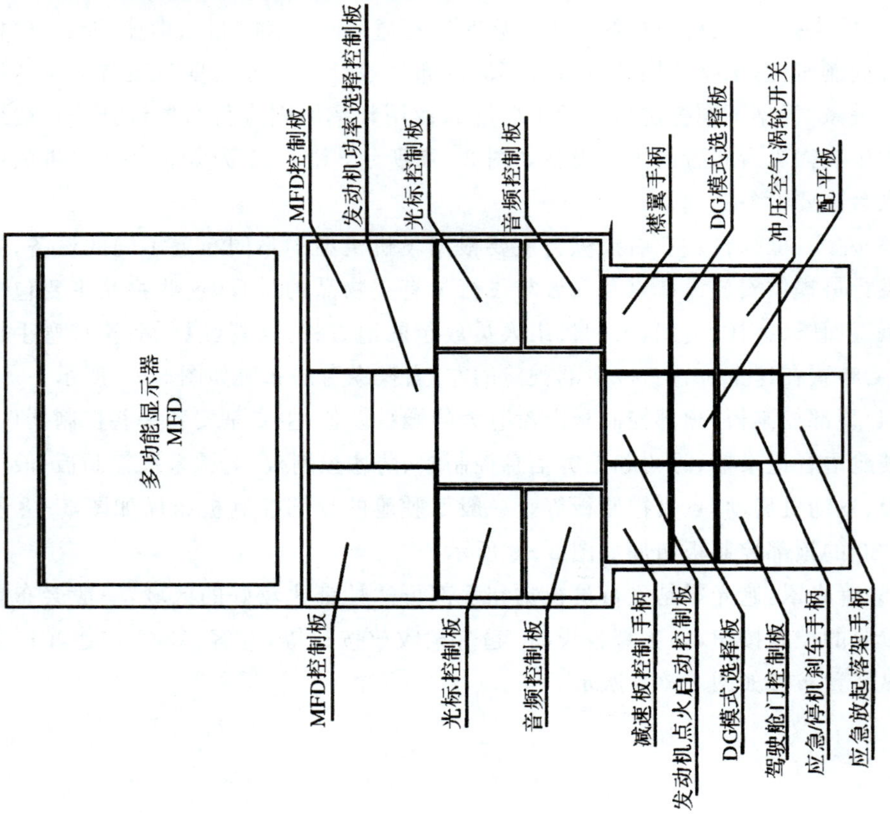

图 3-5　中央操纵台布置

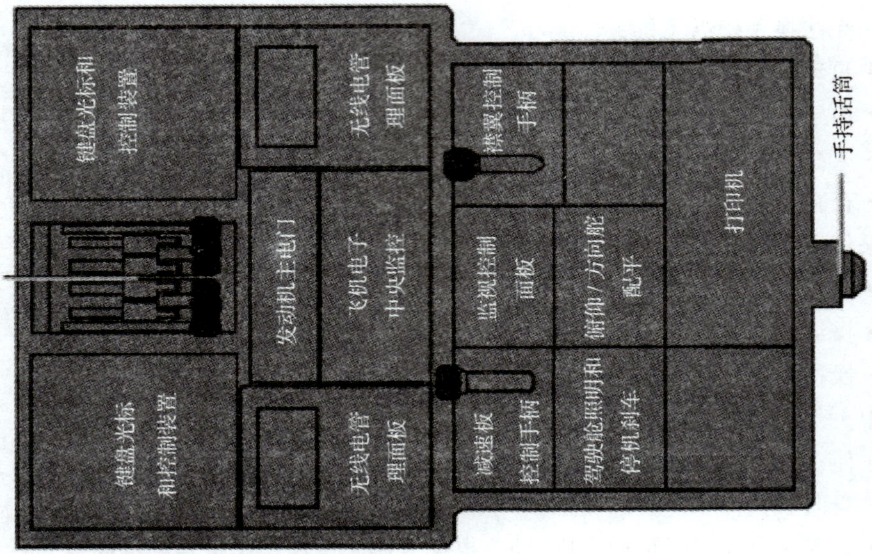

图 3-6　A380中央操纵台的主要设备

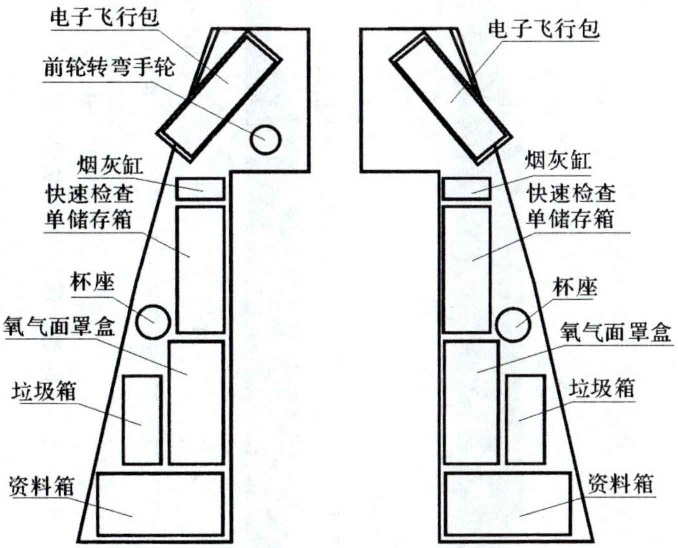

图 3-7　左/右操纵台布置

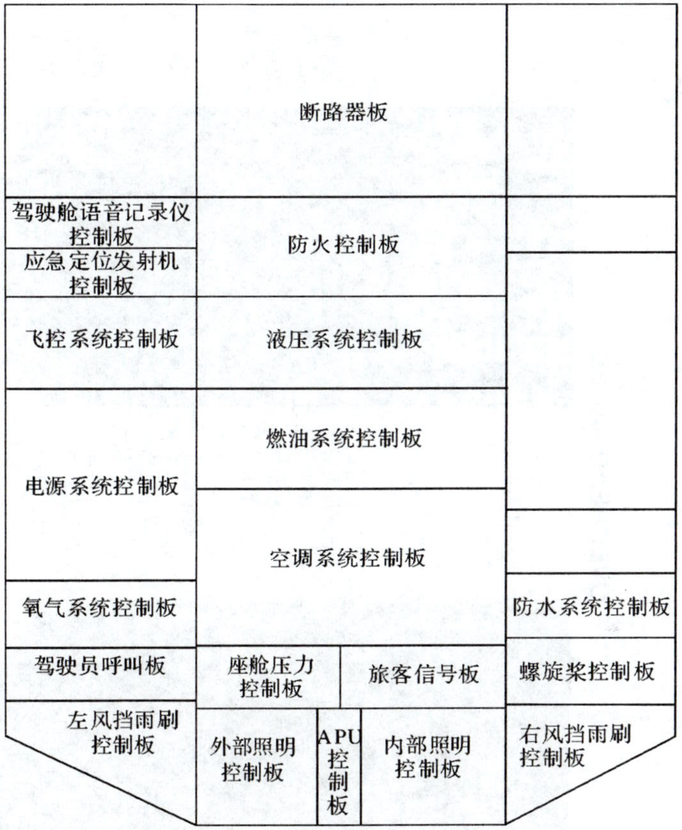

图 3-8　顶部控制板布局

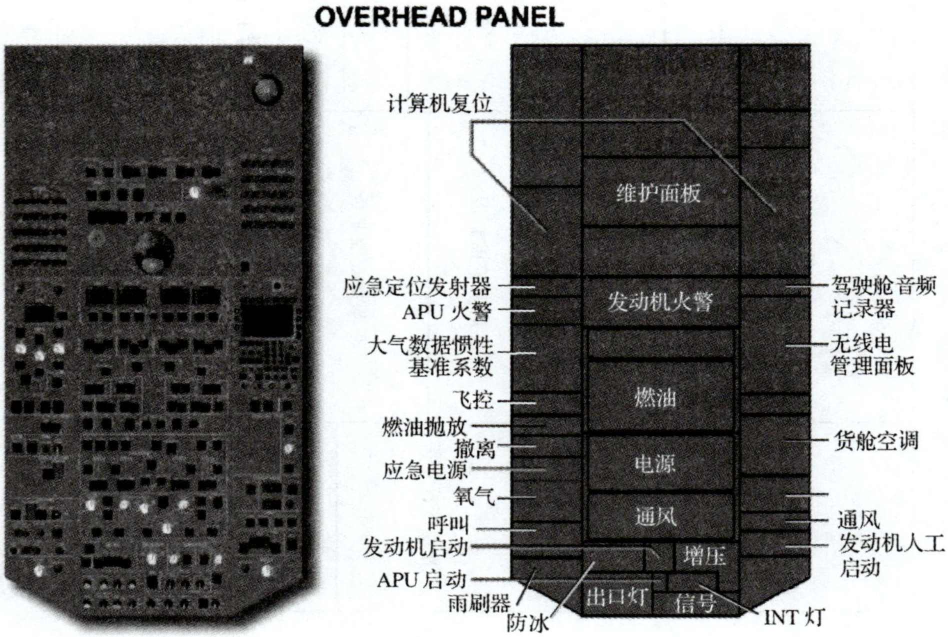

图 3-9　A380 顶部控制板

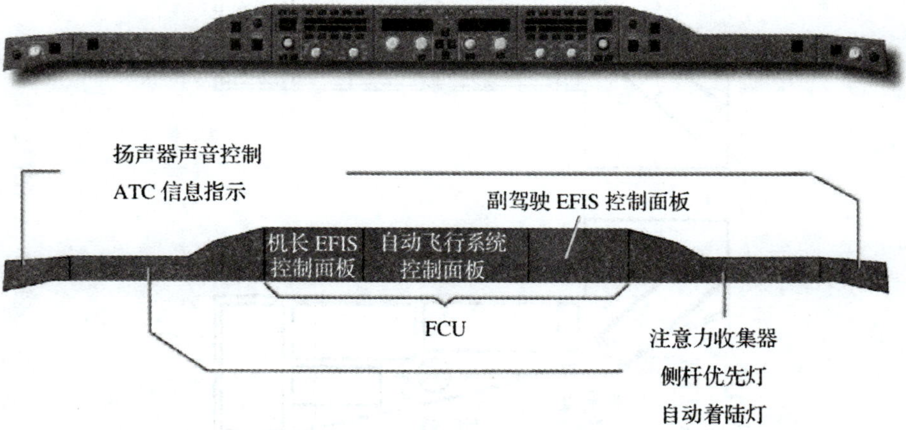

图 3-10　A380 遮光罩上的操纵装置布置

3.1.3 显示系统

20 世纪 50 年代以前，飞行仪表多为单一功能的，习惯采用 6 件组列法（见图 3-11）。即把指示飞行状态的 6 种基本仪表（空速表、高度表、地平仪、航向指示器、升降速度表和转弯倾斜仪）合理地组列在一起。指示飞机姿态的地平仪，作为最重要的飞行仪表放在飞行员正前方主仪表板正中间的上方位置。空速表、升降速度表和高度表的指示与地平仪的俯仰指示直接有关（如飞机抬头，俯仰指示发生变化，这时升力和阻力同时增加，使空速下降，升降速度为正，高度上升），也属飞行员最常观察的仪表，放置在重要的部位——地平仪的两旁和下侧。航向指示器位于地平仪下方，转弯倾斜仪排列在左下方，这 3 个表的指示也是相关的：方向的变化是飞机倾侧的直接结果，而航向变化值可从航向指示器读出。转弯倾斜仪可作为指示航向变化的辅助仪表。

图 3-11　老式仪表板

20 世纪 50 年代后期，由于综合指示器的出现，仪表板上的基本飞行仪表逐步改用 T 形组列法。组合空速表、指引地平仪、航道罗盘和组合高度表构成 T 形排列。它们的显示内容和形式更便于观察，有助于飞行员操纵飞机。电子综合显示仪的出现使仪表板的组列方式发生了重大变化。飞行参数综合显示仪、导航参数综合显示仪和各种形式的多功能显示仪逐渐取代了习惯采用的飞行仪表，装在主仪表板上的中心位置。一些最基本的直读式飞行仪表，作为应急仪表安装在综合显示仪的下方和两侧。现代飞机的显示系统一般由主飞行显示器、导航显示器等组成。一般的显示系统如图 3-12 所示，A380 的显示系统布局如图 3-13 所示。

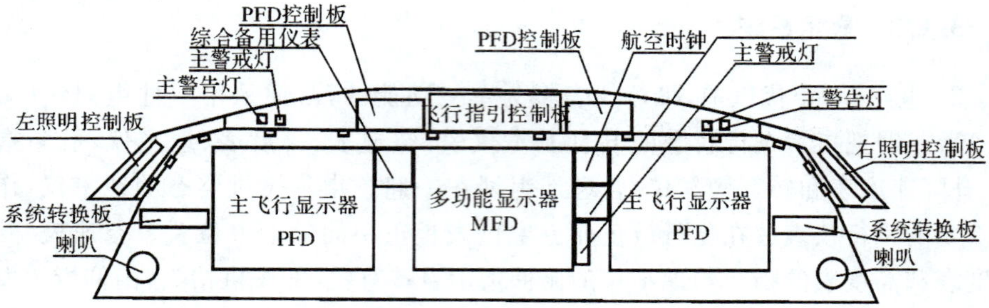

图 3-12　民机驾驶舱的显示设备布局

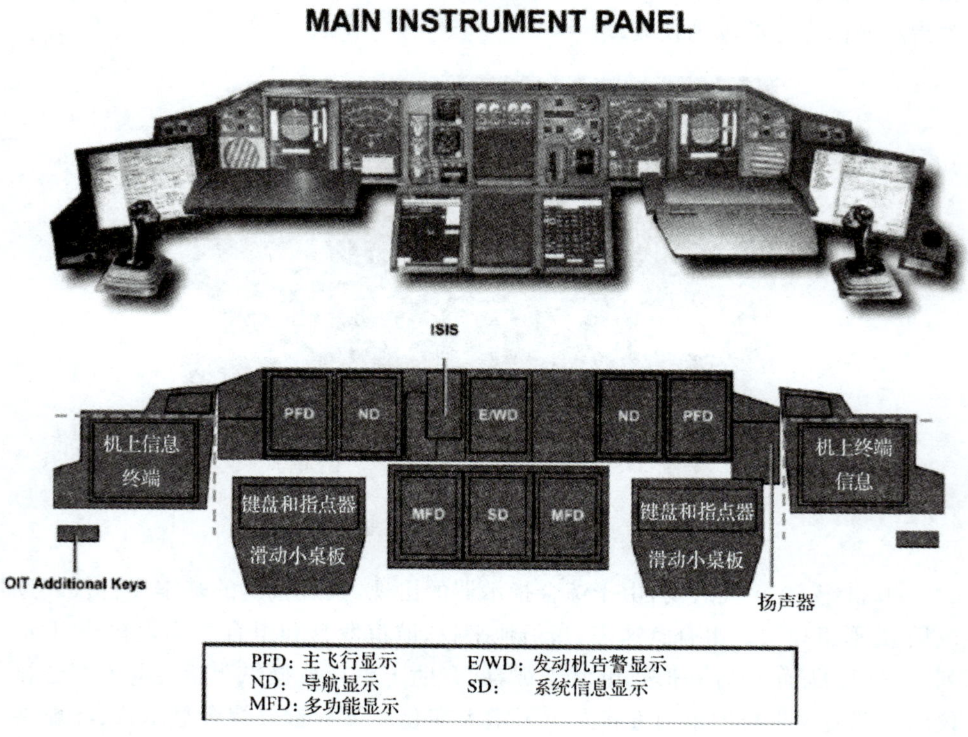

图 3-13　A380 的显示系统布局

现代的显示系统中，飞行员座位的正前方是一块色彩明亮的显示屏，为电子姿态指引仪或主飞行指引仪(PFD)，取代了传统上所使用的地平仪、空速表和高度表等仪表。这块屏幕由一条地平线将其分为上、下两部分。地平线上部为蓝色，代表天空，地平线下部为黄色，代表大地，中心是一个代表飞机的图形。随着飞机姿态的改变，仪表上的地平线在相应改变，飞行员可以方便地掌握飞机对地平线的相对姿态。在屏幕的边缘上用数字或指针显示着飞机的空速、地速、高度、对着陆指令的偏离等数据。

在电子姿态指引仪屏幕的下方或侧方安装着另一块电子显示屏幕，为电子水平状态指示器或称导航显示器(ND)。在它的屏幕上也有一个飞机图形。这个飞机图形的机头对准屏幕上端的刻度，显示出飞机的航向。在此屏幕上还可以显示飞机要飞的航路、地图、前方航路点的距离、风向、风速、时间等。如果接通飞机上的气象雷达，由气象雷达探测到的前方的气象和地形情况就会以彩色图像按照距离标度显示在屏幕上：红色代表暴雨，黄色代表中雨，绿色代表小雨，粉色代表气流颠簸。这两大块显示屏，在正、副飞行员面前各装有一套。

在正、副飞行员中间的仪表板上还安装有两块电子显像式仪表，即发动机指示与机组告警系统。这两块仪表取代了过去数十块管理发动机的仪表，把发动机的十几种参数如转速、排气温度、油量等全部用数字或指针形式显示出来。当飞机的某部分出现故障时，它还可以用文字形式向飞行员报警并将故障记录下来，以备地面人员核查时使用。现代飞机显示系统不仅使飞行员能一目了然、迅速、准确地全面掌握飞机飞行的状况，而且由于添加了新的飞机故障报警和记录功能，使飞行员能及时采取措施应付已发生的故障，也使维修人员容易查找故障。自此以后，飞机因机械原因引起的故障率大为下降，飞行员因误读仪表而造成的飞行事故也大为减少。这充分说明了考虑工效之后的驾驶舱设计更加合理，安全性更高。

目前综合显示系统如 PFD，ND 等在驾驶舱中的位置一般是一定的，位于飞行员的主视区内。研究表明，位于飞行员主视区内的设备不仅有利于飞行员观察，而且飞行员对此区域信息的认知能力更强。

3.1.4　座椅

驾驶舱座椅的设计是驾驶舱布局设计的重中之重。座椅的位置布置关系到整个驾驶舱的布局形式，座椅自身的尺寸设计和外形设计等又关系到飞行员的操纵舒适性和操纵效率。

座椅设计应以符合人的生理特性，使人感到舒适为前提，因此，座椅尺寸应与就座者人体测量尺寸相适宜，并应使尺寸可调；座椅应使就座者保持舒适坐姿，靠背结构和尺寸应给予腰部以充分的支撑，使脊柱接近于正常自然弯曲状态；座椅应能支撑就座者的体位并保持其稳定；座椅应能使就座者变换坐姿，灵活、平稳地进行体态自然调节。

座椅设计要考虑到三方面的影响，分别是坐姿生理学、坐姿生物力学以及坐姿条件下的人体测量学尺寸。坐姿生理学主要考虑飞行员的脊柱结构、腰曲弧线和腰椎的前突、后突；坐姿生物力学主要考虑飞行员的肌肉活动度、体压分布、股骨受力分析以及椎间盘受力分析；坐姿人体测量学尺寸主要是不同的坐姿条件下飞行员的人体测量学静态尺寸，对座椅设计有用的人体测量学尺寸如图 3-14 所示。

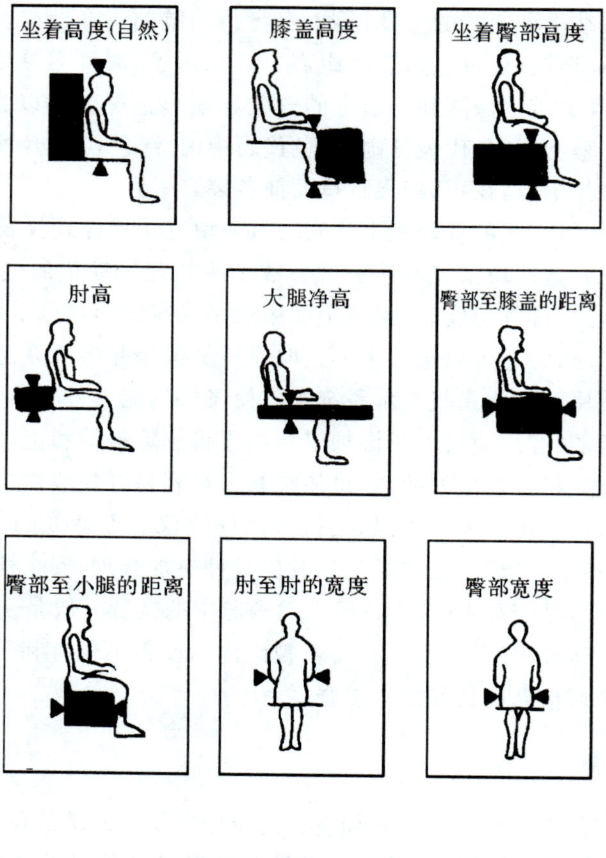

图 3-14　对座椅设计有用的人体尺寸

3.2　驾驶舱微环境对人体的影响

驾驶舱微环境指由驾驶舱内温度、气流速度以及压力等组成的综合环境。

经过制冷、加温系统以及温度控制系统调节处理的空气由供气口送入驾驶舱，与舱内空气进行热质交换后，经排气口排出。空气不断地进入与排出引起了舱内空气的流动，形成了座舱内气流的速度场与温度场，从而直接影响着舱内人员的热舒适感。舱内空气的流动与很多因素有关：供气口的几何形状和位置；排气口的位置；供气射流参数（主要指送风温差与送风速度等）；舱内空间的几何形状以及各种热源（如人体）的位置；等等。驾驶舱内的气流流场主要取决于供气口的类型与位置。

3.2.1　供气口的类型与位置

由于驾驶舱内布置各种仪表设备，有效空间不大；而且驾驶舱又具有较大的透明表面积和框架部分，同时还有电子电气设备，故其热载荷大，为平衡热载荷的供气量也大。两方面的因素都使得驾驶舱内的气流速度高于旅客舱内的气流速度。而且由于仪表和操纵设备具有严格的安装要求，供气口位置的选择也相当受限制。大多数飞机的驾驶舱具有下述几类供气口。

1. 空气主喷口

大部分气流必须由主喷口供入舱内，以保证整个驾驶舱的通风和温度均匀。对于旅客机的驾驶舱，空气主喷口一般位于座舱顶部，也有少数安排在座椅下面，如伊尔-18。而对于军用战斗机，座舱顶部不宜布置供气口，大部分气流必须由飞行员的后面或侧向从肩部平面上供入座舱。主供气口一般都是喷射式供气口，即喷口位于供气管道的末端，如图 3-15 所示。

2. 面部和胸部供气口

面部和胸部供气口一般都做成流量和方向均可调节的，如图 3-15 所示。它主要向飞行员面部附近供给温度较低的冷空气，以增加其通风舒适感。

3. 脚部供气口

为了补偿在飞行员身体上部的直接太阳辐射热，在白天飞行时，驾驶舱主供气温度应较低，这就使被仪表板挡住太阳光的脚部感觉寒冷，因此通常都采用脚部供气口供入少量的暖空气到脚部附近，但喷射气流不应直接吹到脚上。这种供气口可以是流量和方向均可调节的集中喷射式的，也可以是开有侧孔或条缝口的供气喷管,如图 3-16 所示。

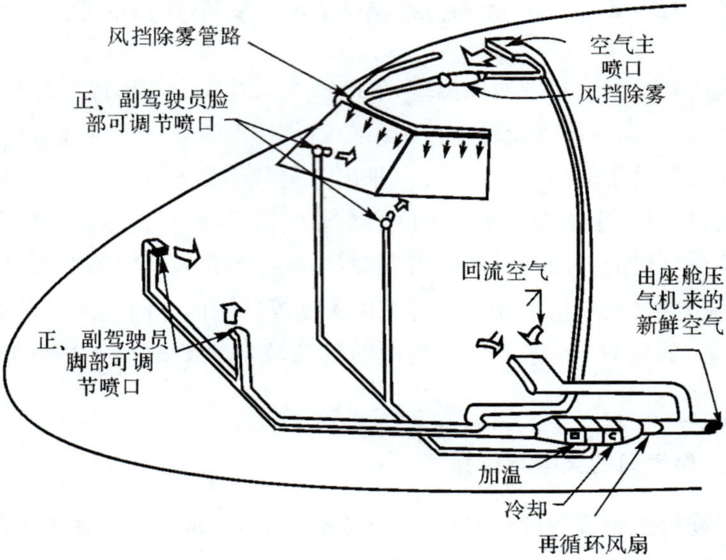

图 3-15　驾驶舱喷射式主供气口

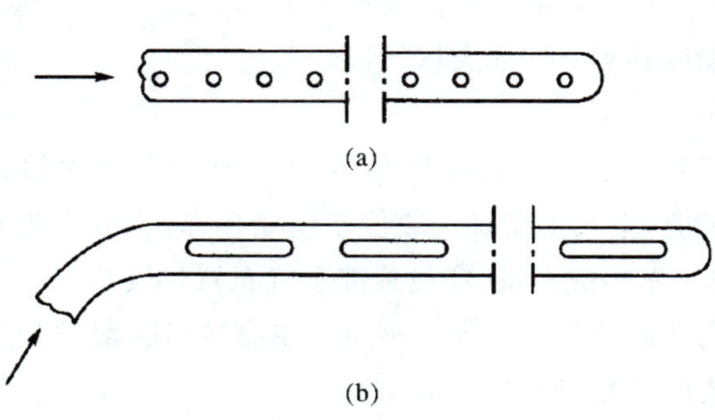

图 3-16　供气喷管

(a) 开侧孔型;(b) 开条缝口型的

4. 风挡及舱盖供气口

风挡及舱盖框架上的供气喷管是为透明表面防冰除雾用的。数量适中的暖气流沿着透明表面喷出,以防飞机突然下降到湿度大的低空时透明表面结雾。这种供气口一般都做成如图 3-16 所示的供气喷管形式。

3.2.2　排气口的类型与位置

大多数旅客舱的排气口位于地板上方两侧壁上，形式多为格栅式的。这种壁板底部的排气口有助于从地板附近排走冷空气，但当新鲜空气以很低的速度进入客舱而又处于系统冷路工作时，会出现暖空气或烟雾堆集在天花板上的现象。因此，有的旅客舱沿着长度方向还要开一些天花板排气口，以控制这种冷热层的形成，避免站在走廊上的旅客有不舒适的感觉。

也有少数旅客舱采用行李架下面的排气口（如伊尔-18）或行李架上面的排气口（如三叉戟）。

客舱内的空气经分布的排气口排出座舱后，或流到地板下货舱侧壁与机身蒙皮之间的“利用风道”对货舱进行加热，或先流经座舱内外蒙皮之间的间隙，再向下到地板下货舱周围，最后经排气活门排出机外。

在旅客机中某些特定的舱段，如厕所、储藏和准备食物的餐室、吸烟室、电子或电气设备安装区等，必须安装有效的专用机外排气口，以使得令人讨厌的气味不向客舱扩散，或从热源集中处直接排走热量，不至于因局部产生的热量引起不适感或使主要设备温度过高。

旅客机驾驶舱的排气一般也是先流经电子电气设备舱、货舱或客舱，然后再由排气活门排至机外，故其排气口位置一般在座椅下地板上或驾驶舱前、后隔舱壁等位置上，类型多为格栅式的。

3.2.3　温度对人体生理舒适性的影响

1. 高温对人体生理舒适性的影响

高温负荷可引起一系列生理变化：使汗腺活动增强并使体温上升；引起心血输出量增加及皮肤血管扩张，使心率加快；由于心脏、呼吸肌和汗腺加强及体温升高引起的细胞代谢增强而使机体耗氧量增加；消化功能及中枢神经系统功能失调。

如环境温度升高超过人体所能调节的能力，则出现体内“热积”。身体热积值可由所测得的体温变化，按下式间接计算得出：

$$q_s = \frac{3.475 m \Delta \overline{T}_b}{A} \tag{3-1}$$

式中，3.475为身体组织的平均质量热容，kJ/(kg·℃)；m为人体质量，kg；A为体表面积，m^2；$\Delta \overline{T}_b$为平均体温的上升值，℃，它为平均皮肤温度与直肠温度的加权平均数，其加权系数分别为0.2和0.8。

身体的热积速率通常与热负荷程度成正比，即环境温度越高，热积速率越快。

当达到一定热积值时，人体会处于耐受状态。几个热积界限值如下：当热积为 127 kJ/m²，203 kJ/m²，305 kJ/m² 时，机体会分别处于 Ⅰ，Ⅱ，Ⅲ 度不适状态。直肠温度分别为37.5～37.8℃，37.8～38.0℃和38.0～38.6℃。当人体处于Ⅰ度不适状态时，主观感觉热，工效出现明显变化，温度负荷超过调节能力，热平衡不能保持。当人体处于 Ⅱ 度不适状态时，由于温度负荷增大，不但主观感觉变得很热，而且工效出现显著下降。当人体处于 Ⅲ 度不适状态时，由于环境极热，温度负荷极高，体温调节能力几乎完全被抑制，体温变化加速，工作能力严重受损。当热积为 352 kJ/m² 时，人体就不能耐受，故一般将此值视为“生理极限”值。临床观察表明，当直肠温度为 40℃ 时，体温调节机制已失去作用，出汗停止，如不采取措施，体温将迅速上升，当上升到 43.5℃ 时，人即死亡。

2. 低温对人体生理舒适性的影响

人体遇到寒冷时，即出现一系列代偿性生理功能变化，如外围血管收缩、代谢产热增加等。皮肤血管收缩可使体表温度降至接近周围冷空气的水平，以缩小人体表面与环境间的温度梯度，使辐射、传导和对流散热作用降到最低程度。其次，在冷暴露中，骨骼肌的活动水平增强，这是机体增加产热量的主要途径。人体变冷时，初期可发生局部寒战，随着体温下降逐渐扩展成为全身性的反应，最强的寒战可产生 407 ～ 465 W(350 ～ 400 kcal/h) 的热量，使代谢水平提高到静止时的 5 倍。冷暴露时，心率、每搏输出量、血压、呼吸频率和肺通气量等通常都有所增加和升高，以与人体代谢率升高相适应。

低温对人体产生不利影响的基本原因在于：散热量超过产热量，体热不能保持平衡，机体出现“热债”。计算热债的公式与计算热积的公式一样，只不过 $\Delta\overline{T}_b$ 是平均体温的下降值(℃)，计算平均体温时，其平均皮肤温度和直肠温度的加权系数均为 0.5。

人体对体温的耐受限度与机体丧失的热量密切相关。当热债为 168 kJ/m² (40 kcal/m²)时，即感到不舒适，工作效率降低，主观上有不能耐受的感觉。热债为 335 kJ/m²(80 kcal/m²)时，有严重的不舒适感觉，是人体所能安全耐受的最大热债。419 kJ/m²(100 kcal/m²)的热债是机体对低温耐受的临界指标。临床观察表明，当直肠温度降至 35℃时，脑功能已丧失。据此可认为直肠温度 35.5℃是维持身体体温的最低体温限度，而这个数值相当于热债为 419 kJ/m² 时的体温。当直肠温度降至 32℃时，体温调节机制失去作用，寒战停止，代谢产热量反而减弱，体温随环境温度被动地变化。临床存活的最低直肠温度在 30℃以上，只有极少数人直肠温度达 28℃仍能复苏。

3.2.4　内流场空气流速对人体生理舒适性的影响

内流场空气流速首先影响体表的对流散热，当环境温度较高时，较大的空气流速有利于汗液的蒸发，有利于人体散热散湿，使人感到凉爽，提高热舒适度，但太大的空气流速直接吹向人的面部等部位时会刺激皮肤，使人产生不舒适的吹风感，分散人的注意力，导致人机工效的下降。当环境温度较低时，较大的空气流速会加大人体热量的损失，使人体感觉较冷。另外，驾驶舱内空气的流动对污染物有稀释和扩散的作用，能有效地清除微生物及其他污染物，适度的空气流动有助于驾驶舱内空气的清洁和新鲜，对人体健康有益。空气流速过小，驾驶舱内得不到有效的通风换气，人体产生的以及机内材料释放的有害物质不能及时排出，污染物大量聚集在驾驶舱内，造成空气质量恶化，也会使人觉得不舒适。

对流热交换实质上可以说是以空气作介质的一种传导性热交换形式。在通常情况下，人体周围包围着一层空气，当气温低于体表温度时，体热不断地传给这些与体表相接触的空气。从理论上讲，在这一部分空气的温度与体表温度相等之后，两者间的热交换便停止了，因此，这层空气对身体具有一定隔热作用，但实际上这层空气是在不断流动的，既有经常的自然对流，有时还有强迫对流。这样已经被体表加热的空气不断被带走，而新移动来的温度较低的空气又与体表进行热交换。如此体热就会不断地向周围空气散失。对流热传递率(C) 可以按下式计算：

$$C = h_c(\overline{T}_s - T_a)(\mathrm{W/m^2}) \qquad (3-2)$$

式中，h_c 为对流热传递系数，$\mathrm{W/(m^2 \cdot ℃)}$；$\overline{T}_s$ 为平均皮肤温度，℃；T_a 为空气温度，℃。

h_c 在所有环境条件中不是恒定的，它随空气流速的改变而改变，可以由式 $h_c = 8.3v^{0.5}$ 计算，式中 v 为空气流速(m/s)。也有学者提出：当空气流速低于 0.2～0.3 m/s，ΔT 为 5℃ 时，h_c 为一常数，即它不再受风速的影响；风速高于 4.8 m/s 后，对身体几乎没有进一步的致冷或加热作用。

实验表明，对于舒适要求而言，主要的影响因素是吹风感。这种不舒适感不但随平均风速的增加而增加，而且与气流的扰动度关系极为密切。在舒适的温度范围内，适宜的风速为 0.1～0.5 m/s。满足舒适要求的允许最大风速的经验公式的简化形式如下：

$$v_{\mathrm{amax}} = 0.05\mathrm{e}^{(0.044\mathrm{e}^{-0.032TB}+135)T_a} \qquad (3-3)$$

式中，v_{amax} 为允许的最大风速，m/s；TB 为气流扰动度，%；T_a 为气温，℃。

式(3-3)表明，允许的最大风速随气温的增加呈幂指数上升，随扰动的增加呈指数下降。若不知道气流扰动度，可以用 30% 代入，则式(3-3) 又简化为气温的一元函数：

$$v_{\mathrm{amax}} = 0.005\mathrm{e}^{0.152T_{\mathrm{a}}} \tag{3-4}$$

因此，若存在较大的风速，应适当提高气温以维持热平衡，但这时由于强烈的吹风感，主观舒适度就大大降低了。此外，吹风的部位也应尽量分散和多变，尤其需避免直接向面部吹风。因为人体对吹风感的敏感程度差别很大，因此很难确定吹风感的舒适范围。另外，吹风速度、温度以及吹风的面积可能是变化的。一般在22℃的舒适温度下，空气流速应低于 0.2 m/s。空气流速的允许值是随吹风温度变化的，即空气温度越高，允许的空气流速越大。

另外，实验发现，人体温度随吹风时间以及空气流速的变化而发生的变化并不显著，说明人体温度受风速的影响较小，温度保持在一个相对稳定状态，这与人体本身的温度调节机制有关。持续吹风对热感觉变化的影响显著，但是风速大小对人体热感觉变化快慢的影响没有显著差别。

3.2.5　内流场压力对人体生理舒适性的影响

在航空领域，影响飞行员人体生理舒适性的是低气压。低气压对人体的影响主要表现在以下几个方面。

1. 缺氧

为了维持生命，人需要氧气，呼吸系统的基本功能是将外界氧气吸入肺内，将二氧化碳排出体外。血液循环系统的基本功能是运输营养物质、氧气、废气与废物到规定的地方。

吸气时氧气沿呼吸道进入人的肺部，然后由血液分送至人体各部位。人体的热能和机械能是机体内每一个细胞不断发生氧化过程而获得的。由于机体细胞内的新陈代谢，血液内不断消耗氧气形成二氧化碳。肺与心脏血管系统共同起着将氧气输送给机体所有细胞并将其中产生的二氧化碳与水蒸气排出体外的作用。

将气体从肺泡运输到血液，又从血液运输到机体组织，反过来从机体组织到血液，又从血液到肺泡的决定因素是肺泡和毛细血管壁两边的气体分压比。气体分压决定了氧气在血液中的溶解度。

人体呼吸时，区分为吸入空气与肺泡空气两项。吸入空气是指进入肺部的空气，即环境空气通过上呼吸道，在呼吸器官温度为 37℃、湿度达到饱和时的空气。吸入空气的氧分压由下式确定，即

$$(p_{\mathrm{O_2}})_{\mathrm{ins}} = (p_h - 6\ 266)\frac{q_{\mathrm{O_2}}}{100} \tag{3-5}$$

式中，$(p_{\mathrm{O_2}})_{\mathrm{ins}}$ 为吸入空气的氧分压，Pa；p_h 为在高度 h 上的大气压力，Pa；6 266 为

水蒸气分压，Pa；q_{O_2} 为吸入气体中的氧含量(体积分数)，%。

肺泡空气是指在深呼气时从肺部排出的空气，它除水蒸气外，还含有 4.5% ～6% 的二氧化碳。因此，在肺泡空气中的氧分压为

$$(p_{O_2})_{al} = (p_h - 6\ 266)\frac{q_{O_2}}{100} - (p_{co_2})_{al} \qquad (3-6)$$

式中，$(p_{O_2})_{al}$ 为肺泡空气中的氧分压，Pa；$(p_{co_2})_{al}$ 为肺泡空气中的二氧化碳分压，Pa。

随着高度的增加，大气压力下降，在大气中的氧分压和肺泡空气中的氧分压也相应降低。随着肺泡空气中氧分压的降低，血液中的氧气饱和度就减少，这样在一定条件下就会导致机体缺氧。

从 1.5 km 左右的高度开始，夜间视觉最先有所降低，学习与掌握新的、复杂的智力性活动能力也有所减退。在 1.5 km 高度上，肺泡氧分压维持 10.7 kPa (80 mmHg)，动脉血氧饱和度高达 95%。虽产生如上的轻微反应，但在一般飞行条件(如白天或无高度智力活动任务)下，该高度仍可视为不产生缺氧影响的最高界限。从 3 km 左右的高度开始，出现呼吸与循环系统的代偿性活动。动脉血氧饱和度维持在 90%以下，属于不显性缺氧范围。活动量大时，会出现轻度缺氧反应。从 4 km 的高度开始，大脑皮层的最新记忆与计算能力开始减退，接着出现分析判断能力的降低。在 5 km 左右的高度上协调动作开始受到影响，主观症状明显。但血氧饱和度维持在 80%左右，属于中等缺氧水平。在 5 km 高度上有少数人(12%～28%)会发生代偿障碍，6 km 以上高度属于严重缺氧高度。血氧饱和度维持在 77%以下，会发生生理代偿功能较严重的障碍。从 7 km 高度开始，机体的代偿性活动已不足以保证大脑皮层的最低氧需要量。肺泡氧分压可以降低到 4 kPa(30 mmHg)，动脉血氧饱和度降到 60%左右。迅速出现意识丧失，产生突然虚脱，故该值可视为最低临界值，也是大脑皮层丧失意识的阈值。

2. 低压效应

高空大气压力降低，就其对人体的作用性质而言，除了高空缺氧之外，低气压本身对人体而言也有危害。危害的程度取决于低压程度与减压速度。当减压过快时，会加重低压效应。

(1)高空胃肠胀气。体内含有气体的空腔器官，如肺脏、中耳与鼻窦。在缓慢上升时，因空气稀薄形成的膨胀气体，可以通过各自的通道逸出腔外，保持内外压力平衡。唯有胃肠的管道很长，又有多处“关口”，故在缓慢减压时，往往因膨胀的气体来不及排出，内压上升，刺激管壁的压力感受器，引起膨胀感或疼痛，这种现象称为高空胃肠胀气。胀气的发生高度因人而异，同饮食和上升速度有关。吃产气

多的食物(如豆类),胀气发生高度提前。在一般情况下,缓慢上升时,大约从 8 km 感到腹胀,10 km 以上腹痛。当发生胃肠胀气时,必须立即下降高度,解除胀气。

(2)高空减压病。高空减压病是由于溶解在体内的气体(主要是氮气),在高度上升时因过饱和而游离出来,形成气泡所导致的综合症状。高空减压病又称为气体栓塞症或高空减压障碍。

高空减压病按症状或表现,大体可分为皮肤型、关节型、呼吸型和中枢神经型 4 种。其中以气泡发生在关节及其周围组织而引起的关节疼痛的关节型最为常见。减压病类型划分的主要根据是气泡形成的速度与形成的部位,在体内气泡形成的机理都是一样的。按亨利定律,在恒定的体温条件下,体内溶解气体的量与外界气体的压力成正比。当外界气体压力降到一定程度时,体内呈饱和状态溶解在体液和脂肪内的气体,超出溶剂所能容纳的饱和溶解的气量,处于过饱和状态,其中多余的气体便游离出来,直至达到新的平衡为止。

根据 Haldane 原理,减压的安全限为 2,即过饱和程度超过 2 倍以上便会形成气泡。以大气压力而言,减压后压力 p_a 降到减压前压力 p_c 的一半以下,即

$$\frac{p_c}{p_a}=R\leqslant 2 \tag{3-7}$$

就可以达到游离气体的过饱和。以高度而论,这相当于由海平面上升到 5.5 km。实际上,根据各国大量资料,可作如下概括:在 5.5 km 高度发生减压病者仅属个别例,少数例发生在 6~7 km 以上,多数发生在 8 km 以上。

3. 体液沸腾

在 19.2 km 高度(6.27 kPa)上,水的沸点为 37℃,从理论上讲,人体体温正常为 37℃,如果突然暴露在该高度上,体内液体将会沸腾汽化。实际上,由于人体结构的特点,体内液体的沸腾现象发生在 20 km 以上。

人体中水分占人体质量的 70%。组织细胞里含有水分,还有大量的体液和黏液。由于各部位血管里血压不同、组织的弹性与疏松程度不同、体温也不都是 37℃等因素的存在,各部位发生体液沸腾的时间和程度不完全相同。概括起来,可以归纳为以下 3 个方面。

(1)组织气肿。在达到体液沸腾高度以后,暴露部位如眼球结膜、口腔与鼻腔黏膜等的体液几乎立即沸腾。经数秒或稍长点时间即可看到腹部膨胀(这是胃肠胀气,不是体液沸腾),皮下组织疏松的颈部等部位开始肿胀。这种皮下气肿迅速发展到全身,整个身躯变大,故高空体液沸腾又称为高空组织气肿。

(2)蒸汽胸。胸腔气压低,水分容易汽化,水蒸气增加到一定程度时,造成肺脏局部萎缩,从而丧失气体交换功能。过高的胸膜腔内压以及局部的压迫与牵拉,可

以影响正常的呼吸与心脏循环;还可以通过内脏反射引起虚脱,严重时发展到停止呼吸。

(3)循环障碍。当血管内含有大量的水蒸气气泡时,便减少了循环血量,静脉回流减少,心血输出量也减少。此外,流经组织细胞的血液为气泡所代替,等于没有血液循环。这种情况发生在要害器官如心脏或中枢神经系统时,会造成生命危险。

4. 爆炸减压

减压速率非常快,多在几秒或几分之一秒时间内完成的座舱压力急剧降低,该过程称为“爆炸减压”或“迅速减压”。飞行期间,若增压座舱的结构突然破损,可能会发生这种减压。

爆炸减压对人体有致命的危害,概括起来有以下几项:①爆发性缺氧;②气胀性损伤;③机械性外伤(由于未使用安全带而造成的碰伤或为各种碎片击伤);④减压病与体液沸腾。但爆炸减压并不是在一切条件下对人都会发生危险的。爆炸减压时,产生有害后果的可能性取决于以下两个因素:

(1)减压时间。

(2) 人体空腔中相对扩张值 K 的大小。相对扩张值的计算式为

$$K=\frac{p_c-6\ 266}{p_h-6\ 266} \tag{3-8}$$

式中,p_c 为减压前座舱内的气压,Pa;p_h 为外界大气压,Pa;6 266 为人体正常体温为 37℃ 时水蒸气压力,Pa。

根据对人和动物的生理实验得知:

(1) 如果爆炸减压时间小于 0.02 ~ 0.06 s,相对扩张值 K 不大于 2.5 ~ 3,爆炸减压对人体没有危险。

(2)如果爆炸减压时间大于 0.5~1 s,即使相对扩张值较大,对人体也没有危险。

在研究驾驶舱在高空突然失去气密性的同时,还应特别注意对机体有致命危险的爆发性缺氧情况。例如在 16 km 的高度上,大气压力等于 10.3 kPa,又因肺内的水蒸气分压(6.3 kPa)和二氧化碳分压(4 kPa)之和也等于 10.3 kPa。于是,在此高度上肺泡空气内的氧分压在理论上将等于零。在这种条件下,人经过几秒钟就会失去知觉而死亡。

在不补充供氧的情况下,对各种高度上储备时间的平均值列于表 3 - 1。

表 3-1 不补充供氧情况下的储备时间

高度 h/km	7	8	9	10	12	14	15	16
储备时间 t/s	300	180	120	60	26	20	15	9

当呼吸纯氧,但不加压供氧时,储备时间列于表 3-2。

表 3-2 呼吸纯氧不加压供氧下的储备时间

高度 h/km	13	13.5	14	14.5	15	16
储备时间 t/s	300	110	50	25	15	9

在纯供氧的情况下,当座舱失去气密性时,储备时间在 13～14 km 的高度上有所增加,但是在 15 km 以上,储备时间与不补充氧气的情况相同。

5. 压力对热交换的影响

在增压座舱环境中,压力对人体舒适性的影响主要体现在人体与环境的热交换上。

(1)对蒸发散热的影响。低压下身体蒸发失水量较常压下多,而且随压力变化而改变,并受活动水平的影响。其他条件相同时,压力越小,汗液蒸发率越高。压力越大,蒸发散热效能越差,为尽可能带走体内多余的热量,出汗量便增大。

(2)对对流散热的影响。根据对流换热的公式 $c=h_c(\overline{T}_s-T_a)$ 可知,对流换热量的多少直接与 h_c 有关,而 h_c 受风速和气压的影响,它随气压降低而减小,随风速增大而增大。这样,在风速和温差($\overline{T}_s-T_a$) 等其他条件相同时,低压下的对流换热量小于常压下的对流换热量。Kuzmicheva Ye. M. 等人在气温为 25℃时用生物热流计测量了几种高度上人体向环境散失的热量。结果显示:当由地面 0 m 高度上升至 7 000～10 000 m 高度时,向环境散失的显热逐渐减少。由于辐射换热不受气压影响,因此上述几种气压下显热散失的变化,完全是气压改变影响对流换热的结果。

第 4 章　驾驶舱人机工效设计原则

驾驶舱人机工效要求是对驾驶舱人机界面的总体要求，涉及诸多系统，而系统设计在定义功能时都要以机组需求为中心，也就是说，在系统设计的过程中要充分考虑人的操纵与认知需求。整个驾驶舱人机工效设计是一个不断迭代优化的过程，只有在系统设计较早期通过人机工效的要求对设计进行约束，才能避免后期工作反复。在不同的设计阶段，应采用不同的设计与评估方法落实和贯彻人机工效要求。如：在概念设计阶段通过任务分析、人机功能分配等方法确定系统的功能需求和人机交互的需求；在初步设计阶段，可通过虚拟人体模型对电子样机进行布局的工效评价；在详细设计阶段，可通过地面人在环的试验对操作程序等进行评价；在试飞取证阶段可通过飞行试验对工作负荷进行评价。

本章主要针对显示系统、操作系统、座椅以及舱内微环境设计等 4 个方面探讨驾驶舱人机工效设计的相关要求。

4.1　总 体 要 求

民机驾驶舱的基本要求是能够满足从左、右两侧都能够实现飞机的所有操纵。对驾驶舱人机工效设计的总体要求就是要在满足驾驶舱设计安全性的前提下，能够最大限度地发挥人机系统的功能，实现操纵效率优化，充分体现并贯彻以人为中心的设计理念。具体表现为人机功能分配合理，自动化主要是辅助飞行员而不是代替飞行员；设备/系统布局合理，设计简单，满足可达性、可视性以及舒适性的操作要求；操作程序合理，充分考虑到飞行员已参加的培训和飞行经验。本章主要从设备设计的功能性（自动化水平、人机功能分配、人的能力局限等）、可达性、可视性以及操纵的舒适性 4 个方面对设备的人机工效设计进行约束。

(1)设备应满足功能性要求：功能即设备具备的能力，设备的设计首先需要满足其功能性的要求，以便能够完成规定的任务。

(2)设备应满足可视性要求：可视性即设备处于飞行员的视野范围内，并且设备按照重要度级别的不同布置在合理的视野范围内。

(3)设备应满足可达性要求：设备必须处于飞行员手部（手掌/指尖）、脚部的可达域内，使飞行员能够完成手部或脚部动作器件的操纵动作。GJB451A—2005 中对可达性的要求进行研究发现，可达性为产品使用或维修时，接近各个部位的相对难易程度的度量，包括视觉可达、肢体可达，还要有足够的操作空间。对于整个驾驶舱系统的可达性而言，需要评价巡航和紧急情况两种可达性。

(4)设备应满足舒适性要求：舒适性包括两个方面，一方面是设备应该能够使飞行员舒适地操纵，主要是飞行员在利用设备完成飞行任务的过程中，操纵姿势和操纵力都处于人体的舒适范围内；另一方面是驾驶舱的内饰设计，微环境设计使飞行员体感和视觉上感到舒适。

4.2 操纵设备设计要求

操纵装置是将人的操纵信息输送给机器，以调整、改变机器状态的装置。操纵装置将操作者输出的信号转换成机器的输入信号。驾驶舱中的操纵装置主要包括油门杆、驾驶杆/盘、功率杆以及各种按钮等。

操纵装置的设计首先需要充分考虑操作者的体型、生理、心理和体力等固有能力限制。操纵装置的大小、形态等要适应人的手或脚的运动特征，用力范围应当处在人体最佳施力范围内，重要的或使用频繁的操纵装置应布置在人反应最灵敏、操作最方便、肢体可达的空间范围内。操纵装置的设计还要考虑耐用性、运转速度、外观和能耗等。

4.2.1 布局要求

1. 安全性布局要求

(1)操纵装置的布局，应该考虑在工作环境下便于操作，并且有足够的操作空间，能够对操纵装置进行例行的清洗和维修，并防止混淆和误动；

(2)驾驶舱每个操纵器件的位置必须保证操作方便并防止混淆和误动；

(3)应该仔细地确定操纵装置在仪表板上的位置和动作方向，并特别注意对关键的操纵装置进行保护，以防止偶然误动作对操纵装置的影响。

2. 操纵性布局要求

(1)操纵器件相对于飞行员座椅的位置和布局，必须使任何身高 158 cm(5 ft 2 in)～190 cm(6 ft 3 in)的(按 CCAR25.1523 规定的)最小飞行机组成员就座并系紧安全带和肩带(如果装有)时，每个操纵器件可无阻挡地作全行程运动，而不受驾驶舱结构或最小飞行机组成员衣着的干扰。

(2)襟翼和其他增升装置的操纵器件必须设在操纵台的上部，油门杆之后，对准或右偏于操纵台中心线并在起落架操纵器件之后至少 254 mm(10 in)。

(3)起落架操纵器件必须设在油门杆之前，并且必须使每个飞行员在就座并系紧安全带和肩带（如果装有）后可以操作。

(4)每个飞行员的主操纵器件（操纵杆和方向舵脚蹬）及其各自的座椅应排列在同一条纵向座椅线上。

4.2.2　操纵性要求

1.选用原则

(1)手控操纵器适用于精细、快速调节，也可用于分级和连续调节。

(2)手轮适用于细微调节和平稳调节，当手轮一次连续转动角度大于 120°时应选用带柄手轮。

(3)曲柄适用于费力、移动幅度大而精度要求不高的调节。

(4)操纵杆适用于在活动范围有限的场所进行多级快速调节。

(5)按键式、按钮式开关适用于快速控制线路的接通与断开。

(6)扳钮开关适用于两种或三种状态的调节。

(7)旋钮适用于用力较小且变化细微的连续调节或三种状态以上的分级调节。

(8)脚控操纵器适用于动作简单、快速、需用力大的调节，脚控操纵器应在坐姿有靠背的条件下选用。

2.操纵手柄形状要求

驾驶舱操纵手柄必须符合图 4－1 中的一般形状（但无需按其精确大小和特定比例）。

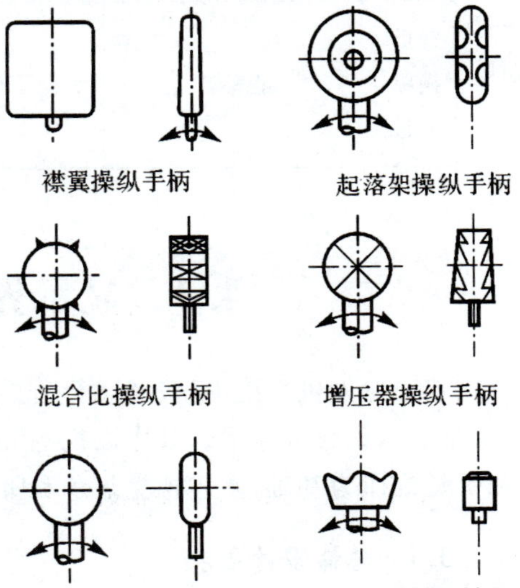

图 4－1　驾驶舱操纵手柄形状

3. 运动方向和作用

驾驶舱操纵器件的运动方向和作用必须符合 CCAR25.779 的规定。凡可行处，操纵器件操作动作的直感必须与此种操作对飞机或对被操作部分的效果直感一致。用旋转运动调节大小的操纵器件，必须从断开位置顺时针转起，经过逐渐增大的行程达到全开位置；且备用系统的操作应与其相应的实用主系统操作尽可能相似。

驾驶舱操纵设备的作用见表 4－1。

表 4-1　驾驶舱操纵器件的运动和作用

空气动力操纵器件	主操纵	副翼	右偏(顺时针)使右翼下沉
		升降舵	向后使飞机抬头
		方向舵	右脚前蹬使机头右偏
	次操纵	襟翼(或辅助升力装置)	向前使襟翼收起;向后使襟翼放下
		配平调整片(或等效装置)	转动使飞机绕平行于操纵器件的轴线作相似转动
动力装置操纵器件和辅助操纵器件	动力装置操纵器件	功率或推力杆	油门杆向前使正推力增大;向后使反推力增大
		螺旋桨	向前使转速增加
		混合比	向前或向上使富油
		汽化器空气加热	向上或向前使冷却
		增压器	对于低压头增压器,向前或向上使压力增大;对于涡轮增压器,向前、向上或顺时针转动使压力增大
	辅助操纵器件	起落架	向下使起落架放下

4.3　显示界面设计要求

在驾驶舱人机系统中,按照飞行员接受信息的感觉通道不同,可以分为视觉显示、听觉显示和触觉显示。其中以视觉和听觉显示最为广泛。本节以飞行员的视觉和听觉规律为基础,阐述视觉显示和听觉显示界面的布局要求。

4.3.1　总体设计要求

不同的信息显示方式有各自的信息传递优势,合理的界面设计应是充分利用信息传递方式的优势,使信息传递效率最优。表 4-2 为三种信息传递方式的信息特征。

表 4-2　三种信息传递方式的特征

显示方式	传递特征
视觉显示	①比较复杂、抽象的信息或含有科学技术的信息、文字、图表、公式等；②传递的信息很长或需要延迟传输；③需用方位、距离等空间状态说明的信息；④以后有可能被引用的信息；⑤所处环境不适合听觉传递的信息；⑥适合听觉传递但听觉负荷已经很重的场合；⑦不需要急迫传递的信息；⑧传递的信息需同时显示、监控
听觉显示	①较短或无须延迟的信息；②简单且要求快速传递的信息；③视觉通道负荷过重的场合；④所处环境不适合视觉通道传递的信息
触觉显示	①听觉、视觉通道负荷过重的场合；②使用视觉、听觉通道传递信息有困难的场合；③简单并要求快速传递的信息

4.3.2　视觉显示界面设计要求

1. 基本功能与要求

(1)驾驶舱仪表显示应设计成一个完整的、具有合适的信息冗余度和监测能力的信息系统。驾驶舱的设计应降低仪表的眩光和反射。

(2)显示装置应能清楚地告知飞行机组当前飞行指引、飞行控制、导航和飞机系统的条件和状态，同时提供控制飞机及监测飞机在既定航线上飞行所需的信息。所有正常和非正常飞行状态下，飞机无误控制信息的显示应准确、清晰且易读。显示器和控制装置的所有功能应有合理的余量，以便安全、顺利地完成飞行任务。

(3)每个显示器的细节，如字符类型、感觉尺寸、缩放比例、增量、点的方向及罗盘准线应与整个驾驶舱相一致。

(4)显示器及其相关的控制装置应布置在一起，使其参数调整和监测功能的选择尽可能地方便。操纵与显示器相关的控制装置的过程中，显示器不应被遮挡。

(5)主显示的飞行信息应在视锥内。当飞行员眼睛在设计眼位时，视差和失真允许横向监视 T 形布局上的信息。

(6)对多功能显示器而言，激活(当前)的功能应有视觉提醒，除非其一目了然。

2. 显示信息设计要求

(1)显示内容。显示信息应足以让飞行员来执行任务计划，但应限于执行具体行动或作出决定所需要的必要的信息。

(2)显示精度。应只显示具体操作的动作或决定所要求的在一定限度和精度范围内的信息。

(3)显示冗余。除了需要达到指定的可靠性以外,不得将冗余信息列为一个单一条目。

(4)明确显示器故障。显示器或其他地方的显示子系统故障应能立即反馈给飞行员。

(5)无关标记。商标和厂家名字或其他类似的与显示内容无关的标记不应在仪表盘上显示出来。

(6)显示持续时间。在预期的操作负荷和操作环境下,信号和信息应该显示足够长的时间,从而使飞行员能够可靠地识别该信号和信息。

(7)及时性。如果可能的话,显示器(如平视显示器)需要更新的信息应该同步更新,而且应在正常运行和服务模式时按飞行员需求的速度更新。

(8)单位。数量信息的显示应该包括度量单位。

3. 显示器的位置和排列

(1)位置。显示器应该设计布置在合适的位置,从而能够读出要求精确度的信息。

(2)视角。仪表和显示面应尽量垂直于飞行员的正常视线,与正常视线的夹角不得小于 45°(见图 4-2)。

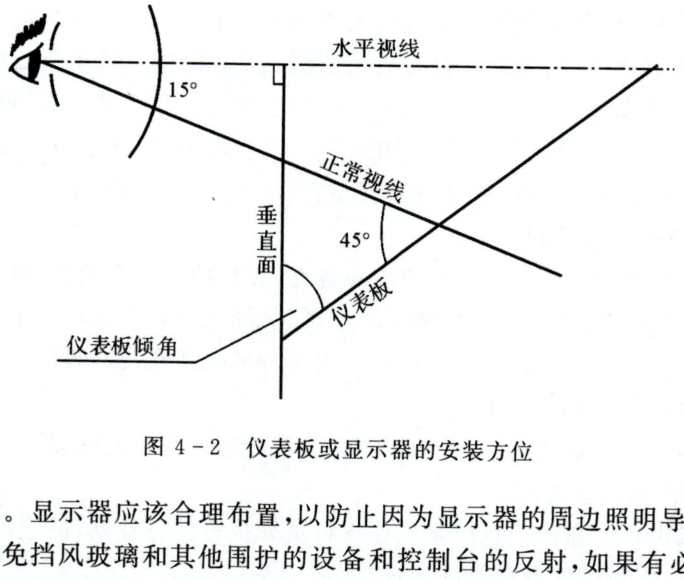

图 4-2　仪表板或显示器的安装方位

(3)反射。显示器应该合理布置,以防止因为显示器的周边照明导致信息传递的减少,应避免挡风玻璃和其他围护的设备和控制台的反射,如果有必要,要采用一些技术以确保系统性能不受影响(如使用护罩和滤光管)。

(4)振动。视觉显示器或观察者的振动不能将显示器性能降低到完成任务所要求的规定以下。

(5)分组。所有的必要的用来支持飞行员行为或活动顺序的显示器应该分组放在一起。

(6)功能和联系。显示器应该按照使用顺序或者组成部分的功能布置。在任何时候,显示器都要按照这样一种顺序布置:功能组规定的视觉应该从左到右或者从上到下产生。这个要求并不用于警告、提醒或建议的指示器上。

(7)重要性。重要的显示器都应聚集在一起,布置在最佳视区内,最佳视区如图 4-3 所示。

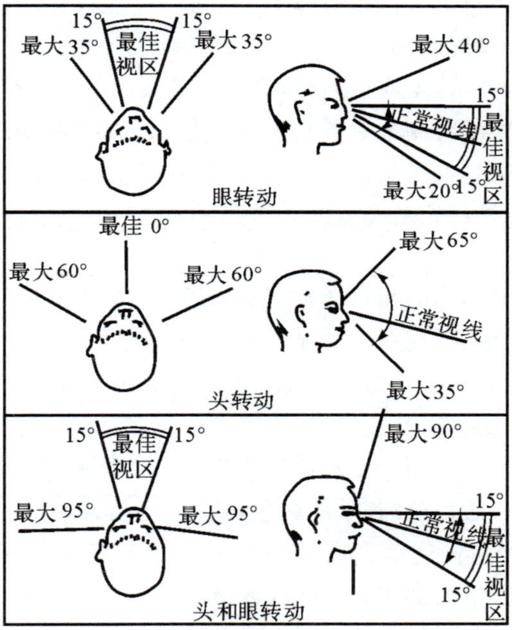

图 4-3　最佳视区

(8)最大观看距离。从眼位参考点到显示器的距离不应该超过 64 cm。

(9)最小观看距离。除了阴极射线管显示器和直显示器以外,有效观看距离不应少于 330 mm,最好不小于 510 mm。

(10)显示维护。用于维护和调节的指示灯在机器正常运行时应该是隐藏的,但应该在需要时容易发现。

4. 显示器编码

(1)目的。编码可以用来区别单个的显示器,辨别相关的显示器,认可显示器之间的关系，识别显示器的信息而且能保持警告和警报系统的作用和排列。

(2)技术。显示器应能通过颜色、亮度、闪光、尺寸、位置或外形来译码。

(3)标准。系统所有的译码应该是一致的。

(4)闪光编码。

1)作用。闪光编码用来强调信息与其他信息的相关性。

2)占空比。开启时间的比例应等于但不少于关断时间的比例，最好是50%的占空比。

3)闪光率。应使用不超过两个闪光率而且它们应该区分开至少 2 Hz。高闪光率应该反映更多的可评定信息但应不大于5 Hz。闪光率小的应不小于0.8 Hz。如果可能，闪光应该是同步的。

4)文字。可读的字体不应该闪烁，应该通过接近的闪光符号或背景突出重点。

5)闪光区域。任何时刻显示器应保证只有一小块区域闪光显示。

6)闪光器件故障。如果激活了显示器但闪光器件发生了故障，那么故障形式是灯，处于打开状态并稳定地亮着。

(5)颜色译码。

1)作用。特殊显示器的颜色译码需求或指导方针应在介绍显示器段落中详细说明，在可以应用的地方，应对一个显示器和一个应用中的所有显示器使用一致的颜色译码，不应在最合适的视野外使用容易引起注意的颜色。只允许对不是特别重要的信息使用颜色定制。

2)颜色选择。很少使用的显示器信息应使用不突出的颜色。暖色(波长长的颜色，如红色或橙色)应使用在传达信息或需要反应的地方。冷色(波长短的颜色，如蓝色或绿色)应使用在传达背景信息情况上。为了避免颜色搭配的错误和减缓识别时间或增加错误的颜色搭配，每种颜色应该用在同一种显示数据上。为了达到最大可识别性，应使用表 4-3 所示波长的颜色(或其他可见光谱的波长)。

表 4-3　颜色及其波长

颜色	波长/nm
红	700
橙	600
黄	570
黄绿	535
绿	500
蓝绿	493
蓝	470

3)暗适应。如果使用色码，亮度不要超过 10 cd/m^2(3ft-L)。

4)色对比度。有颜色的符号应该和它们的颜色背景区分开来，且不小于100D E(CIE L* u* v*)的距离。

5)色差。一个装置里的颜色应该与另外一个装置区分开不小于20D E(CIE $L^*u^*v^*$)的程度。

6)目标尺寸。当需要精确的颜色感知时,独立的大符号的主要尺寸视角应不小于8.7 mrad(30 min),最好是13.1 mrad(45 min)。从预期的最远的观察距离测量,小符号的高度和字体视角至少为5.8 mrad(20 min),色对比率也不应小于1∶5。

5.平视显示器信息显示的一般要求

1)不同的信息用不同的字符来表示;

2)每个字符至少有两种编码特性;

3)平视显示器显示的字符在所有工作方式下的含义和特点应完全一致;

4)各种操纵指令字符指示飞机应飞的方向;

5)每条活动刻度带,如航向、空速和高度等,至少应显示三组数据。

6. 警报警告信号

(1)警报。警报显示器能在探测到触发条件时给飞行员提供比普通观察更可靠的信息。

(2)作用。可见的危险信号(如警报警告)应该能警告飞行员存在一个特殊的情况而且能提醒飞行员这种情况的性质和优先权。

(3)特性。危险信号的显示必须在所有预期的光照条件下能明显地引人注意,必须和普通的光照区域有显著的不同,而且必须在它们使用的操作区域有特殊的含义。

(4)信号综合。视觉警报警告和建议应该与其他的感觉形式相结合(如听觉、触觉)。

(5)优先权编码。为了建立视觉信号的优先权,应该使用一些有差别的特性,例如闪光、色彩、外形、符号、色对比度、尺寸、亮度对比和位置等。

1)警报信号。视觉警报信号必须使用闪光频率为3～5 Hz,占空比为50%的红色闪光灯。所有这样的报警闪光率必须是同步的。如果与警告信号联合使用,警报信号应该被编译得容易与警告信号区别开来。

2)警告信号。视觉警告信号应该是黄色的。至少应有两个可识别的特征用来确保快速识别和分析警告信号。如果和警报信号结合使用,警告信号的强度应不超过警报信号强度的一半。如果警告信号是闪光文字的形式的话,文字的闪光率应不超过2 Hz,开启/关断时间间隔应是70%开启。

(6)文字高度。视觉警报和警告信号应该在预期的最远的视觉距离测量时在

8.7～17.4 mrad(30～60 min)显示，条件不利的话用大一点的型号。

(7)协同定位。警告信号及其相关警告信息应布置在同一个位置。当文字警告条件被列在一个单独位置时，警告信息和注意信息应分开布置，飞行员或维修人员应按优先权、时间顺序或最新指令选择警告和注意信息。

7. 显示器照明和光照分配

(1)显示器照明。

1)常规照明。当不需要最大的暗适应时，使用低亮度的白光(最好是适当可调的)；当需要最大的暗适应时，须提供低亮度 0.07～0.35 cd/m^2(0.02～0.10ft－L)的红灯(大于 620 nm)。

2)夜视设备兼容性。要求兼容性的夜视设备，需要光谱输出的所有发光或照明显示应不大于 600 nm 的波长。照明应连续可调到满断路位置，在关断的位置，灯中应没有电流流过。

(2)照明配电。一组不同显示器的外部照明最亮和最黑暗的区域之比应不超过 3∶1。自发光显示器须单独调节亮度或与一系列正常使用的照明亮度明显一致。

(3)对比。应使所有显示器信息和显示器背景有足够的对比，以确保飞行员可以根据驾驶舱的照明条件得到所需要的信息。

4.3.3 听觉显示界面设计要求

听觉显示装置主要包括话音告警的码声器，音调告警的蜂鸣器。告警信息包括话音告警信息和音调告警信息。

1. 总体要求

(1)应在以下情形下设置听觉显示装置：

1)信息过程短暂、简单且不持续，需要立即回应。

2)共模视觉显示装置限制信息超负荷；周围灯光易变或限制；操作员移动；振动、过载、缺氧或其他环境条件引起的视力下降；预期的操作员疏忽。

3)事件的危险程度需要补充的或冗余的告知。

4)需要警告、提醒或指示操作者随后作出反应。

5)习惯或用法产生的听觉显示的预期。

6)必需的或可取的语音交流。

(2)信号类型。声音信号应不和其他声音发生冲突，包括语言交流。以下情况下声音提示优先于视觉提示：

1)声音源信号；

2)对即将发生的或潜在的危险引起注意的警告信号；

3)好多视觉显示器存在的情形,例如驾驶飞机；

4)前方独立的提示信息；

5)黑暗限制视觉或无法观测的情形；

6)缺氧或正向过载的情形；

7)信号必须从噪声中辨别出来的情形,尤其是噪声中周期性的信号。

(3)信号含义。每个声音信号只能有一个含义。对噪声中周期性的信号而言,人耳是有效的探测器。如果信号是正弦曲线(纯音)或正弦曲线的叠加(复音),即使其比背景噪声弱很多,人耳也能识别它。在很低的频率范围内人耳也能有效地识别周期调制,对强度和频率变化作出反应。

(4)表达紧急情况。引起注意的信号特性(脉冲的速度、频率、强度)应和相关信号的优先权匹配。

(5)用于几个视觉显示器。如果即刻选择不会危及人员安全或系统性能,几个视觉显示器可共用一个声音信号。

(6)语言补充。当需要语言补充时,初始信号的长度和补充信息不和其他声音信息发生冲突,包括人与人之间的电话通信,除非补充信息非常重要。

(7)夜间无声操作。当设计用于夜间无声操作时,人耳处耳机的声音大小不超过 60 dB。

(8)人工越控。非致命声音信号应根据用户的喜好具有开启、关闭的功能。当具备该功能时,应设置一视觉显示装置,告知用户该声音信号已关闭。

2. 话音告警

当话音用于警告级告警时,应用简明的短语指出存在危及飞行安全的险情或接近灾难的情况,需要飞行员立即采取措施。它是红色警告灯或其他视觉警告信号的重要补充。

(1)语音要求。话音告警信息所用的简明短语应当简短、明确、不产生异义、不发生混淆、语言标准、语音清晰、速度适中,话音信息应具有良好的可懂度。告警信号与话音信息之间最少应有 0.15 s,但不得超过 0.5 s 的间隔。每个字用 0.25 s,也可在 0.2～0.3 s 范围内选择,每条告警信息应在 2～2.5 s 之内播完。

(2)话音告警信息的格式。话音告警信息的格式应包括主题,指明某系统或设备名称,分系统或部位,告警的内容或性质。

(3)声强。话音告警信息应确保在各类飞机规定的噪声条件下能听清。为此,话音告警信息的声强应比周围环境噪声级高出(8±3)dB,并用自动增益控制,以获得满意的声强级。

(4)优先权。话音告警信息应按告警等级优先通告,在同一告警级中,则按出现告警信息的时间顺序通告。

(5)信息的撤销。话音告警信息在出现下列情况之一时被撤销:

1)起因条件得到纠正;

2)出现更高一级的告警信息;

3)出现同一级的另一个新的告警信息;

4)通过操作而得到抑制。

3. 音调告警

每个告警等级的声音至少有一个以上的参量(如频率、持续时间)与其他等级的音响有所差别,而且选择的音响能反映其告警等级。

(1)频率。当采用音调告警信号作为主告警信号时,基本音调的输出频率应在0.85 s之内,能从700 Hz扫描至1 700 Hz。为减少遮掩的程度,应当使用与背景噪声中起支配作用的频率不同的频率。

(2)声强。音调告警信号应当超过环境噪声(8±3)dB。为了维持这种最佳的信噪比,应当使用自动增益的控制。

(3)持续时间和起始动作的协调。信号的持续时间应随告警的紧急等级而变化。

警告级(包括危险级)的告警信号用高频低频交变声音,其持续时间为0.75 s。这种高频低频音响应连续地呈现,不断地重复,一直到飞行员启动其他告警信息,或问题已被纠正,或人为取消这一音响信号时为止。

注意级的告警信号采用连续声,其持续时间为1.2~2.0 s,按其持续时间通知一次就停止了,如果飞行员没有收到此信号,则10 s后,此信号将重复出现,同时程序将持续下去,一直到采取了某个确认的动作时为止。

提示级的告警信号采用单节拍声音(钟声),其持续时间为0.6~0.8 s。仅出现一次告警信号,不再重复,然后自动撤销。

告警信号与随后的音调信息之间的间隔时间至少应为0.15 s,但不得大于0.5 s。

(4)发声设备。除非另有规定,音调告警信息一般通过耳机或扬声器播送出去,个别的用警铃。

4.4　微环境设计要求

4.4.1　驾驶舱温度

在周围环境温度为＋35℃到－75℃的条件下，驾驶舱的空气温度应保持在15～26℃的舒适区范围内，如图 4－4 所示。当穿有通风服等特殊服装时其范围可扩大到 10～37℃，如图 4－5 所示。当综合考虑温度、湿度和通风条件时，驾驶舱的当量有效温度应保持在 17～24℃之间。

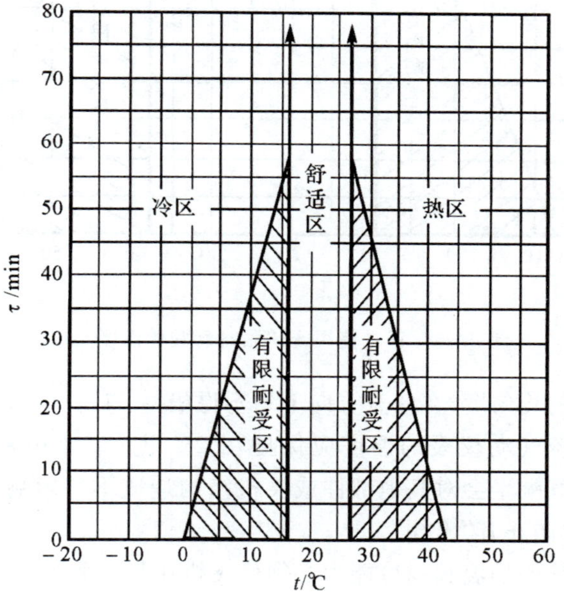

图 4－4　飞机驾驶舱的温度要求

必须对输出的冷空气温度进行控制，以防止空气导管和水分离器的结冰，当无特殊的除冰措施时，涡轮出口温度不能低于 1.5℃，但当把空气中含湿量降到7 g/kg干空气时，涡轮出口温度允许低于 0℃。

直接喷向人体的空气温度，不能大于驾驶舱的平均温度，也不能比平均温度低5.5～10℃，一般给定供给驾驶舱的一般通风和个人通风的空气温度的适宜值为10～12℃，最高不允许超过 15℃，但在驾驶舱开始冷却的非稳定情况下，通风空气温度允许低到－10～－15℃。

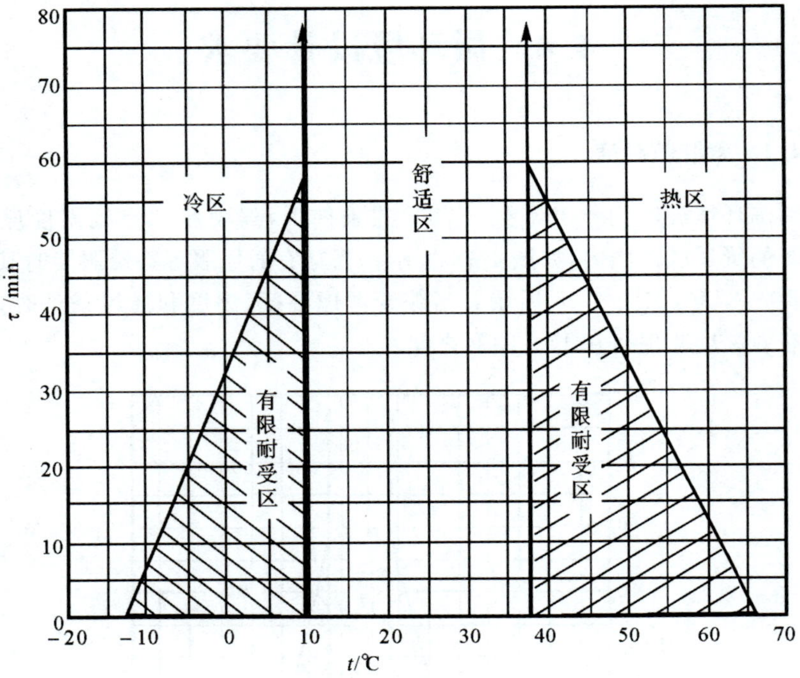

图 4-5　正常使用密闭服时驾驶舱温度要求

驾驶舱温度的均匀度，在任意方向上均不得相差 3℃。

环境控制系统气动仪表的温度应保持在 4℃以上。蓄电池的温度应在 4～43℃之间。凡湿气凝聚会对其他部件或飞机结构造成不良影响之处，所有冷空气管道均应绝热，以防止其“出汗”。

环境控制系统的加温和制冷能力必须使飞机在起飞后 15 min 内，把气密座舱内温度调到规定要求。加温和制冷系统必须保证从海平面到最大飞行高度都能正常工作。

所有飞机都应能使用地面环境控制器，并将驾驶舱温度保持在下列范围内：

(1)当外界气温很低(−60℃)时，不低于−5℃；

(2)当外界气温很高(+60℃)时，不高于+30℃。

地面环境控制器的加温和制冷能力必须保证打开 30 min 后，便能使驾驶舱温度调到规定要求。

驾驶舱的温度控制及测量必须是自动的，并备有应急情况下手动操控装置。驾驶舱的温度控制必须与旅客舱的温度控制分开。

应备有一个可调装置，可在 18～29℃范围内任意选择驾驶舱温度，但其温度的脉动量不得超过±10℃，当操纵温度选择器或改变飞机的高度时，温度的最大变化速率不能超过 5℃/min。正常运行过程中温度的变化不能超过 3℃/min，且确保进入驾驶舱内的气体温度不超过 50℃。

4.4.2　驾驶舱湿度

较理想的驾驶舱相对湿度范围是 30%～70%，根据舒适度要求，最好控制在 50%左右。

当飞机在地面滑行时，驾驶舱内的相对湿度可以允许升高到不大于 70%；当飞机在正常飞行时，其相对湿度可以允许下降到不小于 15%，但时间不能超过半小时。驾驶舱的湿度必须能自动控制，同时兼备有手动控制。驾驶舱内控制设备的控制误差必须不超过±5%的相对湿度。

4.4.3　驾驶舱压力

驾驶舱压力制度制定时主要考虑机组人员的舒适性要求，并防止高空缺氧症。因此，飞机巡航时驾驶舱内压力对应高度一般不超过 2 400 m，采用高余压制度，驾驶舱内压力控制在 81.46～101.3 kPa(611～760 mmHg)的范围内。对于具体的机型，驾驶舱内的压力制度还要根据其机型的实用升限来确定。

驾驶舱压力制度规定有公差，通常增压区公差的要求比非增压区严格。一般增压区(绝对压力调节区和等余压区)的公差规定为±1 333 Pa(±10 mmHg)，非增压区(自由通风区)的公差为 0～3 333 Pa(0～25 mmHg)。非增压区的公差通常取决于驾驶舱排气活门到机外的通道阻力，排气通道越不畅通(如利用驾驶舱排气冷却电子设备，然后再排出机外)，气体流动阻力越大，非增压区内驾驶舱稳定的绝对压力值就越高。

应提供音响警告信号，以指示驾驶舱高度已超过了 4.6 km，如有可能，应在 3 km发出警告，以保证空勤人员有纠正增压故障的时间。只要有可能，除音响警告外还应装有目视警告信号。

若飞机需经常在水面上空飞行，则排气活门应装在水上迫降时水不能进入机身的位置，若不能实现，则必须具有水上迫降前预先关闭活门的装置，活门的关闭应是自动的，同时活门的安装位置还要考虑到在严寒地区和高空条件下结冰的危险。

4.4.4 驾驶舱空气质量

驾驶舱空气质量主要与空调系统的通风量及其供气洁净度有关。驾驶舱内主要对空气的污染是人呼出的二氧化碳和通过口腔排出、皮肤分泌出的水汽和气味。人的气味虽然无毒但使人有不适感，而二氧化碳却对人体是有害的，当二氧化碳的浓度达到2%时，呼吸速率加快，达到5%时呼吸变得短促，达到10%以上时将会使人窒息、麻醉甚至丧失意识，并且驾驶舱内使用的许多材料可能对人体有毒害作用，过热或燃烧引起的热分解作用，常常使一些较不活泼的无毒物质转化为有毒气体或蒸汽。驾驶舱中某一气体的浓度在海平面时可能无足轻重，但在空中可能会降低飞行员的工作能力，甚至会威胁飞机的飞行安全。

1.通风量

驾驶舱的通风包括室外风与循环风的供给。正常情况下，新鲜空气供气量为0.7～0.9 kg/(min·人)，驾驶舱每小时的换气次数不能少于60次。当部分驾驶舱空气再循环利用时，新鲜空气供气量为0.35～0.45 kg/(min·人)，飞机滑行时，新鲜空气供气量不少于0.23 kg/(min·人)，驾驶舱空勤人员的新鲜空气供气量不少于1 kg/(min·人)，且供给每个飞行员的空气必须分开控制。

2.供气洁净度

推荐驾驶舱内气体的浓度限度如下：

(1)二氧化碳的极限浓度为36 mg/L，相当于它的分压为2 kPa或地面条件下它的体积浓度为2%，二氧化碳在驾驶舱空气中含量不应超过0.1%；

(2)一氧化碳≤0.02 mg/L；

(3)一氧化氮≤0.005 mg/L；

(4)燃油(汽油、煤油)蒸气换算成碳≤0.3 mg/L；

(5)丁醇、戊醇、丙醇≤0.1 mg/L；

(6)乙二醇≤0.3 mg/L；

(7)苯≤0.1 mg/L；

(8)特灵抗震剂和二甲苯胺≤0.005 mg/L；

(9)铅及其化合物≤0.001 mg/m^3；

(10)滑油和燃油的热分解产物0.01～0.02 mg/L；

(11)驾驶舱臭氧浓度符合CCAR25.832，即在海平面当量25℃和760 mmHg压力的状态下，在320飞行高度层(高度相当于9 750 m)以上的任何时刻，臭氧浓度不超过0.25/1 000 000体积含量(海平面当量)；在270飞行高度层(高度相当于8 230 m)以上任何3 h期间，臭氧浓度不超过0.1/1 000 000体积含量(海平面当量时间加权平均值)。若飞机含有臭氧控制设备,则要使驾驶舱臭氧浓度保持在规定限度内。

4.5 飞行员座椅设计要求

4.5.1 座椅几何尺寸

飞行员座椅各部位的几何尺寸应参照飞行员群体人体测量参数。例如中国飞行员群体可参照 GJB4856—2003《中国男性驾驶员人体尺寸》中规定的飞行员人体测量尺寸进行设计。表 4-4 即为 GJB4856—2003 中混合机种第 95 百分位男性飞行员测量尺寸。

表 4-4　混合机种第 95 百分位男性飞行员测量尺寸　(单位:mm)

项目	第 95 百分位男性飞行员	项目	第 95 百分位男性飞行员
头全高	251	臀膝距	602
头最大长	198	坐姿肩高	645
头最大宽	168	坐姿颈椎点高	715
肩最大宽	478	坐姿两肘间宽	491
坐姿臀宽	374	坐姿肘高	297
坐高	969	坐姿眼高	852
坐深	492		

4.5.2 座椅安全性

(1)座椅组件上使用的靠垫材料,满足 CCAR25.853b 及附录 F 第Ⅱ部分的要求,做到阻燃、无毒;有足够的弹性,不得因受压力载荷后被压实;有尽可能好的透气性,耐用;当兼作应急漂浮工具时,还应满足 TSO—c72b 的有关要求。

(2)座椅组件表面应该无尖锐的棱边或凸出部分,以防磨损座椅安全带约束系统,并防止勾挂飞行员的衣物;如果凸出部分、尖角和棱边等不可避免,则在其外形上应加软垫包裹,以防磨损并防止撞伤。

(3)座椅装饰罩材料应使飞行员乘坐时尽可能舒适,表面色彩应符合驾驶舱装饰设计的要求和用户的特种要求。

4.5.3 座椅部件

1. 座椅头靠设计

1)头靠应能方便地拆卸和可靠地安装,可以在椅背轴线方向上灵活地上、下调节,以适应各种飞行员头部的尺寸。

2)头靠软垫材料的参考压缩变形量为 25 mm(1 in)左右。

2. 扶手设计

飞行员座椅扶手中至少有一个应是可折叠的(对左侧机长是右扶手;对右侧副机长是左扶手),以使飞行员方便地出入座椅。扶手折叠收起后应与椅背平面齐平,扶手折叠收起后不应自动展开放平,且人工展开放平的力不能太大。

3. 椅盆设计

1)椅盆作为座椅的主结构件应提供座椅次结构件和其他附件的安装与固定,还提供座椅组件与飞机结构连接的功能。

2)椅盆结构上应有排水孔,以防止各种可能的液体在座椅上的积聚和引起腐蚀。

3)椅盆结构前缘两侧,可在垂直方向上调节高度,以给飞行员的腿部提供最大可能的支撑。

4)椅盆结构前缘中部应考虑有与驾驶盘(杆)的运动空间范围相协调的缺口。

4. 座椅约束系统设计

座椅约束系统包括肩带和肩带惯性锁、腰带(又称下腹带、安全带)、挡带、锁扣及连接件等,它们应满足下列要求。

1)应满足 CCAR25.785 的有关要求。

2)除满足强度要求外,还应具有良好的使用性和舒适性。例如肩带使用时,内侧边不应擦伤或挤压飞行员的颈部;也不应随意从肩上滑落。肩带上的金属调节件不应直接位于坐姿飞行员骨骼的凸出部位上,质量要轻,并便于飞行员佩带、脱卸和调节等。

3)当约束系统全部系在飞行员身上时,不应妨碍飞行员做各种动作(如操纵飞机等)的自由。

4)挡带上应有软垫包覆,以提供软性接触。

5)约束系统的释放装置(锁扣)应设计成能固定地连接每根带的连接片,防止无意中释放任何一个连接头的可能性,并在规定的振动工作载荷和撞击载荷情况下,该装置应能锁住接头。当启动释放装置时,它应能同时释放全部的连接接头插片,并且只用一只手便可以完成释放动作。

6)装置上不应有凸出物、锐边或可能与衣服、穿戴的装备相干扰和钩挂的零件。

7)肩带惯性锁组件的设计,应做到每根肩带上配备一个符合HB2—10—83标准的单点式惯性锁组件。该惯性锁组件应是一种伸长速率性的,与其配套的手动锁住/开启操纵手柄,应装于座椅的左侧。

5. 座椅靠垫设计

1)靠垫应具有尽可能舒适的结构形式,除了头靠表面软垫不可拆外,在椅背和椅面上应分别设置可快速拆装的靠垫结构。

2)靠垫不应作为飞机应急迫降时在垂直方向上吸能的装置,但应能很好地减轻在飞行过程中因飞机振动对飞行员的不良影响,为此,靠垫的材料既要求有尽可能好的透气性和弹性,又不会因载荷(飞行员体重)的作用而压实。

3)当椅背靠垫兼作单人水上漂浮装置使用时,靠垫的厚度沿高度方向是变化的,这种厚度变化应适应靠背结构的外形,并尽量仿效人体躯干的弯曲。

6. 座椅调节及调节机构设计

1)座椅调节。由于座椅的结构尺寸是按人体尺寸统计数据来确定的,而实际使用中,每个飞行员人体尺寸不尽相同,因此,飞行员座椅应在水平方向和垂直方向都能调节,椅背可向后倾斜。在有些情况下,飞行员的座椅滑轨向后延伸一段距离,而且座椅能侧向调节,这样既方便飞行员进出,也使飞行员可以获得一个有利位置,方便对飞机进行操纵或读取仪表板上的数据。

a)驾驶舱的几何形状和座椅设计应保证空勤组出入方便。

b)扶手不应妨碍飞行员执行其工作时的正常活动。

c)当飞行员座椅调至后限位置时,应能在人体和驾驶杆间安放一个食品盘。

d)规定的机组成员座椅最低应能适应按标准人体尺寸范围所需的调节量。

e)在正飞行员和副飞行员座椅上,应设有水平和垂直状态的姿态显示装置。

2)座椅调节机构。在飞行过程中,根据不同的工作或休息需要,也要求座椅的姿态有一些变化,为此,座椅上应有可调环节。一般,座椅上具有前、后位置,座面高度,椅背倾角,椅盆前缘两侧的腿部支撑件角度及扶手高度的调节等。

a)无论哪种形式或部位的调节机构,其调节的动作和锁紧控制的动作方法,都应做到简便易学。

b)无论哪种形式的调节机构,其控制或调节手柄的安装位置应相对集中。一般应置于每个座椅组件的出入边一侧,以便飞行员单手操纵全部调节手柄,同时也为在座椅外的维护人员提供必要和方便的操作。

3)无论哪种形式和哪个部位的调节机构,应做到调节可靠,防止出现调节不到位,无意识开锁或滑脱现象,同时每个操纵手柄都不会对飞行员进出座椅时造成不良影响。

4)每个调节机构手柄应有相应的标记和形状以表明其功能(例如上/下、前/后、倾斜等)。

5)对机械式调节机构手柄,其运动行程要恰当(例如,对于以角度运动的手柄一般不应超过50°),此外,手柄运动的方向应与调节要求相协调(例如,上、下调节机构手柄,应采用拉压手柄的方式作为开启和关闭调节机构的运动方向;或者是拉时为开启调节机构,手离开手柄即锁住)。

6)无论是机械式或电动式调节机构,其手柄位置参考如下:

- 前、后位置调节机构手柄,建议设在椅盆侧面的中点,并尽可能高一点;
- 上、下高度位置调节机构手柄,建议设在椅盆侧面前缘拐角附近;
- 椅背倾角调节机构手柄,建议设在所有的调节手柄之后;
- 扶手高度调节机构手柄,建议设在扶手前缘附近的内侧或者在扶手的前端。

7. 座椅安装

1)所设计的机组成员座椅组件与飞机结构的连接,对全体符合要求的乘员质量和采用标准的座椅安全带约束系统,应在飞机在扰动飞行条件中产生的基本飞机频率响应的情况下,不会明显地引起飞行员座椅位置的移动。

2)座椅组件与飞机结构的连接和拆卸应方便,并且无需特殊的工具。

3)当座椅组件在导轨内作各种预期位置和姿态的调节时,不会与驾驶舱内座椅周围的设施或物件相碰。

4)飞行员座椅位置的安装应使飞行员在进行各种正常、异常和应急操作时,身体不必作很大移动就能从他们预定的位置上做到。对于起飞和着陆操作所需的仪表和操纵器件,在飞行员坐在正常座椅位置并系紧肩带约束系统时,应可以看到并可以达到操纵。

5)每个飞行员的座椅与主操纵器件(驾驶盘(杆)和方向舵、脚蹬),应排列在同一条纵向座椅线上。

6)座椅的安装使正飞行员应能操纵前轮转向操纵结构。

7)座椅的安装应当使飞行员在设计眼位时应能作全行程操纵(驾驶盘(杆)等)而不受腿或身体的干扰。

4.5.4 座椅位置的观察视界范围

飞行员在座椅位置处应满足驾驶舱内视界要求。驾驶舱内视界的要求是将安全操作所需要的进行观察辨认的所有指示器、显示器和控制器提供给飞行员,使他们在需要观察一个控制器、显示器或指示器时不需要移去一个障碍或重新调节座椅。

第 5 章 民机驾驶舱人机工效评估方法

目前,国内对民机驾驶舱工效评价问题,已经开展了许多有价值的研究工作,主要体现在针对驾驶舱工效的某个方面,如驾驶舱的空间布局、显示信息、听觉信息、驾驶舱环境、飞行员的认知、工作负荷等方面,并根据研究结果,制定了相关标准。

从系统工程角度考虑整个驾驶舱工效的综合评价问题的研究也已经展开。

由于民机驾驶舱设计的工效因素较多,复杂程度也较高,因此,若要按照严格、精确的方法进行评价还有不少困难,目前,主要的还是依靠定性与定量结合、客观统计资料与主观描述资料并重的手段。

用于评价飞机驾驶舱人机工效的方法有图纸检查、实体模型、计算机人体模型分析、飞行模拟器、工程样机和试飞等。图纸检查法仅提供早期设计的评价数据;实体模型需要全尺寸驾驶舱模型和大量不同人体测量数据的被试者,发现问题,重新更改需要的时间和费用大大增加,不经济,效率低;飞行模拟器涉及的类型范围从计算机图形显示到可活动的全尺寸测试设备,是评价的最好工具,但与实体模型一样,建造时间长、费用高;同样,工程样机试飞所用的时间更长、费用更高。

随着数学建模能力的提高和计算机软、硬件水平的提高,计算机人体模型分析作为其中的一种工效分析方法,代替以往真人测试或人体模板测试,具有缩短产品研制周期、降低开发成本、修改方便等优点。因此其应用范围很广,可用于民机驾驶舱设计阶段的工效评价,从而提出设计改进的建议,使得设计出的民机驾驶舱能够更符合人机工效,最终达到能让飞行员安全、舒适、高效地完成驾驶任务的目的。

5.1 模糊综合评判法

5.1.1 模糊综合评判法概述

1. 模糊综合评判定义

模糊综合评判(Fuzzy Comprehensive Evaluation,FCE)方法是以模糊数学为基础,应用模糊关系合成的原理,将一些边界不清楚、不易定量的因素定量化,进行综合评估的一种方法。

也就是说，FCE是用来处理评估对象客观存在的由模糊性导致的不确定性问题，它是模糊数学在自然科学领域和社会科学领域中应用的一个重要方面，具体地讲，模糊综合评估是通过构造等级模糊子集把反映被评估事物的模糊指标进行量化（即确定隶属度），然后利用模糊变换原理对各指标进行综合。

2. 模糊综合评判法基本原理

模糊理论是美国伯克利加州大学的自动控制专家L. A. Zadeh教授于1965年提出的，从此模糊理论在各个研究领域得到了广泛的应用。模糊综合评估是对具有多种属性的事物，或者说其总体优劣受多种因素影响的事物，做出一个能合理地综合这些属性或因素的总体评判。

模糊集理论的本质是用隶属函数作为桥梁，将不确定性在形式上转为确定性，即将模糊性加以量化，从而为模糊不确定性问题的解决提供了数学工具。模糊综合评估法（FCE）是较好地用于涉及多个模糊因素的对象的综合评估方法。

5.1.2 模糊综合评判法过程

步骤1：确定评估对象集，即 $O=\{o_1,o_2,\cdots,o_t\}$。

确定评估指标因素集 $U=\{u_1,u_2,\cdots,u_p\}$，也就是 p 个评估指标；如 $U=\{u_1,u_2,\cdots,u_p\}=$｛显示装置，操作装置，座椅，作业空间，…｝，它表示对工效学评估方案的各种指标的集合。

确定评估等级 $V=\{v_1,v_2,\cdots,v_m\}$，每一个等级对应一个模糊子集；如 $V=\{v_1,v_2,\cdots,v_m\}=$｛优，良，中，…｝，表示对工效学方案评估的等级分类集合。

步骤2：确定隶属度集合 $\boldsymbol{R}$。

在构造了等级模糊子集后，就要逐个对评估事物从每个因素 $u_i(i=1,2,\cdots,p)$ 上进行量化，也就是确定从单因素来看被评事物对各等级模糊子集的隶属度（$\boldsymbol{R}/u_i$），进而得到模糊关系矩阵：

$$\boldsymbol{R}=\begin{bmatrix}\boldsymbol{R}/u_1\\ \boldsymbol{R}/u_2\\ \vdots\\ \boldsymbol{R}/u_p\end{bmatrix}=\begin{bmatrix}r_{11} & r_{12} & \cdots & r_{1m}\\ r_{21} & r_{22} & \cdots & r_{2m}\\ \vdots & \vdots & & \vdots\\ r_{p1} & r_{p2} & \cdots & r_{pm}\end{bmatrix}_{p\times m} \tag{5-1}$$

其中，矩阵 $\boldsymbol{R}$ 中，第 i 行 j 列元素 r_{ij} 表示被评估事物从因素 u_i 来看对 v_j 等价模糊子集的隶属度，一般将其归一化，使之满足 $\sum\limits_{j=1}^{n} r_{ij}=1$。

步骤3：确定权重向量集 $\boldsymbol{A}$。

$\boldsymbol{A}=[a_1\ a_2\ \cdots\ a_p]$，其中 $0<a<1$，且 $\sum_{i=1}^{n} a_i=1$；它是反映各个评估指标重要程度的量化系数。

因为 p 个评估因素对被评事物并非是同等重要的，各单方面的表现对总体表现的影响也是不同的，因此，在合成之前要确定模糊权向量，其中权重的确定至关重要。

采用判断矩阵分析法求权重的数学表述为：

(1) 建立判断矩阵 $\boldsymbol{C}$

$$c_{ij}=\begin{cases}1 & i\text{ 指标比 }j\text{ 指标重要}\\ 0 & i\text{ 指标与 }j\text{ 指标同等重要}\\ -1 & i\text{ 指标不如 }j\text{ 指标重要}\end{cases}\qquad \forall i,j$$

(2) 计算判断矩阵最优传递矩阵 $\boldsymbol{D}$

$$d_{ij}=\frac{1}{m}\sum_{k=1}^{m}(c_{ik}+c_{kj})\ \ \forall i,j\quad m\text{ 为 }\boldsymbol{C}\text{ 的阶数}$$

(3) 求一致性矩阵 $\boldsymbol{Q}$

$$q_{ij}=\exp(d_{ij})\quad \forall i,j \tag{5-2}$$

(4) 计算 $\boldsymbol{Q}$ 的最大特征值对应的特征向量，然后单位化特征向量，作为各指标的相对权重 a_i。

步骤 4：确定评估结果。

将模糊权向量 $\boldsymbol{A}$ 与被评事物的模糊矩阵 $\boldsymbol{R}$ 复合运算，得到被评事物的模糊综合评估结果 $\boldsymbol{B}$：

$$\boldsymbol{B}=\boldsymbol{A}*\boldsymbol{R}=[\boldsymbol{b}_1\ \boldsymbol{b}_2\ \cdots\ \boldsymbol{b}_m] \tag{5-3}$$

式中，“$*$”表示广义模糊合成运算。

对 $\boldsymbol{B}$ 进行分析：

$$b_j=(w_1\ \widehat{*}\ r_{1j})\ \breve{*}\ (w_2\ \widehat{*}\ r_{2j})\ \breve{*}\ \cdots\ \breve{*}\ (w_p\ \widehat{*}\ r_{pj})\qquad (j=1,2,\cdots,m) \tag{5-4}$$

式(5-4) 即为综合评估模型，记作模型 $\boldsymbol{W}(\widehat{*},\breve{*})$；这里“$\widehat{*}$”表示广义模糊“与”运算，“$\breve{*}$”表示广义模糊“或”运算。其中，称 $\boldsymbol{B}$ 为评语集 $\boldsymbol{V}$ 上的模糊综合评估集，b_j 为等级评语 v_j 对综合评判所得模糊评估集 $\boldsymbol{B}$ 的隶属度。

步骤 5：每个评估对象的综合分值 W。

设相对于各等级规定的参数列向量为 $\boldsymbol{J}=[j_1\ j_2\ \cdots\ j_m]^{\mathrm{T}}$，则得到等级参数评判结果为

$$W=\boldsymbol{B}\times\boldsymbol{J} \tag{5-5}$$

B 是对每个被评估对象综合状况分等级的程度描述，不能直接用于被评估对象间的排序评优，必须将评估结果 **B** 转换为综合分值 **W**，根据 **W** 值大小进行排序，从而可挑选出最优者。

5.1.3 模糊综合评判实例分析

以民机驾驶舱为例，其评估体系构成形式如下：

$[v_1\ v_2\ v_3\ v_4\ v_5]=[$ 优　良　中　差　很差 $]$

$[u_1\ u_2\ u_3\ u_4\ u_5]=[$ 仪表板　控制器　座椅　空间设计　环境设计 $]$

$[a_1\ a_2\ a_3\ a_4\ a_5]=[0.27\quad 0.3\quad 0.2\quad 0.1\quad 0.13]$

$$\boldsymbol{R}=\begin{bmatrix} r_{11} & r_{12} & r_{13} & r_{14} & r_{15} \\ r_{21} & r_{22} & r_{23} & r_{24} & r_{25} \\ r_{31} & r_{32} & r_{33} & r_{34} & r_{35} \\ r_{41} & r_{42} & r_{43} & r_{44} & r_{45} \\ r_{51} & r_{52} & r_{53} & r_{54} & r_{55} \end{bmatrix}=$$

$$\begin{bmatrix} 0.45 & 0.3 & 0.15 & 0.05 & 0.05 \\ 0.2 & 0.45 & 0.125 & 0.125 & 0.1 \\ 0 & & 0.35 & 0.35 & 0.2 \\ 0.1 & 0.45 & 0.3 & 0.1 & 0.05 \\ 0 & 0.05 & 0.4 & 0.4 & 0.15 \end{bmatrix}$$

$\boldsymbol{B}=\boldsymbol{A}\,\boldsymbol{R}=[0.191\,5\quad 0.337\,5\quad 0.23\quad 0.153\quad 0.088]$

定性分析，$\max\ [0.191\,5\quad 0.337\,5\quad 0.23\quad 0.153\quad 0.088]=0.337\,5$。

定性分析中隶属度与评语等级$[v_1\ v_2\ v_3\ v_4\ v_5]=[$ 优　良　中　差　很差 $]$一一对应，最大隶属度 0.337 5 对应的评语等级为良，该驾驶舱的工效设计级别可以定为良好。当两次定性分析的评语等级相同时，采用定量分析对比两次结果的优劣。定量分析，工效设计评估值 $W=\boldsymbol{BV}^{\mathrm{T}}=3.391\,5$，因此，该驾驶舱的工效设计评估值为 3.391 5。

上述驾驶舱评估是一个简单评估实例。为得出符合实际的评估，在实际操作中对各评估指标的下属指标先进行评估，同时给出权重。如环境设计的具体评估因素是振动、噪声、温热条件、照明、色彩，专家在评估环境设计时，应对驾驶舱中的振动、噪声、温热条件、照明、色彩分别评估，同时考虑权重，给出驾驶环境设计的工效评估后，再向上一级评估进行综合，评估总是从最低一层的评估开始，逐级向上进行的。

5.1.4　模糊综合评判优点

模糊综合评估法中，隶属函数和模糊统计方法的结合为定性和指标定量化提供了有效的方法，实现了定性和定量方法的有效集合，可用于定性定量的综合指标；在客观事物中，一些问题往往不是绝对的肯定或绝对的否定，涉及模糊因素，而模糊综合评估方法能很好地解决具有判断模糊性和不确定性的问题，能够将一些模糊定性指标模糊量化，对促进科学合理的决策有重大的意义。

而在工效评估方案中，对与人直接相关的机具、作业模式、环境等进行设计和改进时，人的直接评估是非常重要的，应用模糊综合评判法可以很好地“以人为本”，从不同可能性得出多个层次的问题的解，具备可拓展性，符合现代管理中“柔性管理”的思想。

5.2　专家打分法(德尔菲法)

5.2.1　专家打分法概述

1. 专家打分法定义

专家打分法，又称德尔菲法(Delphi Method)，是指通过匿名方式征询有关专家的意见，对专家意见进行统计、处理、分析和归纳，客观地综合多数专家经验与主观判断，对大量难以采用技术方法进行定量分析的因素做出合理估算，经过多轮意见征询、反馈和调整后，对指标价值和价值可实现程度进行分析的方法。

该方法是由组织者就拟定的问题设计调查表，通过函件分别向选定的专家组成员征询调查，按照规定程序，专家组成员之间通过组织者的反馈材料匿名地交流意见，通过几轮征询和反馈，专家们的意见逐渐集中，最后获得具有统计意义的专家集体判断结果。

2. 专家打分法基本原理

专家打分法是由美国兰德(RAND)公司于 1950 年创造的“规定程序专家调查法”，最早出现于 20 世纪 50 年代末，是当时美国为了预测在其“遭受原子弹轰炸后，可能出现的结果”而发明的一种方法。

1964 年美国兰德公司的赫尔默(Helmer)和戈登(Gordon)发表了“长远预测研究报告”，首次将德尔菲法用于技术预测中，以后便迅速地应用于美国和其他国家。除了科技领域之外，还用来进行评估、决策和规划工作，并且在长远规划和决策者心目中享有很高的威望。

专家打分法是一种最常用、最简单的，且易于应用的风险分析方法，它的应用由两部分组成，首先识别出某一特定系统可能遇到的所有风险，列出风险调查表，然后利用专家经验对可能的风险因素的重要性进行评估。

5.2.2 经典专家打分法

1.经典专家打分法程序

依据系统的程序，专家打分法采用匿名发表意见的方式，即专家之间不得互相讨论，不发生横向联系，只能与调查人员发生关系，通过多轮次调查专家对问卷所提问题的看法，经过反复征询、归纳、修改，最后汇总成专家基本一致的看法，作为预测的结果。这种方法具有广泛的代表性，较为可靠。

专家打分法的一般工作程序如下：

步骤1:确定调查目的，拟订调查提纲。首先必须确定目标，拟订出要求专家回答问题的详细提纲，并同时向专家提供有关背景材料，包括预测目的、期限、调查表填写方法及其他希望要求等说明。

步骤2:选择一批熟悉本问题的专家，一般至少为20人，包括理论和实践等各方面专家。

步骤3:以通信方式向各位选定专家发出调查表，征询意见。

步骤4:对返回的意见进行归纳综合、定量统计分析后再寄给有关专家，如此往复，经过三四轮意见比较集中后进行数据处理与综合得出结果。每一轮时间约7～10天，总共约一个月左右即可得到大致结果，时间过短，可能因专家很忙，难于反馈，时间过长则外界干扰因素增多，影响结果的客观性。

步骤5:若认为调查结果满意，则整理最终的调查报告，给出说明性的意见；否则转向第3步。

经典专家打分法(德尔菲法)流程如图5-1所示。

该方法的主要特点表现在:能够充分地让专家自由地发表个人观点，能够使分析人员与专家意见相互反馈，在进行专家调查过程中，可以采用数学方法对专家的意见进行处理，使定性分析与定量分析有机结合起来，一般经过2～3轮问卷调查，即可使专家的意见逐渐取得一致，从而得到对多项事物或方案的判断结论。

2.经典专家打分法应用

(1)调研说明。首先，确定每个专家的权重，以表征其对系统风险判别的准确程度。其次，确定每个风险因素的发生概率和后果大小等级值:按可能性很大、比较大、中等、不大、较小这5个等级，分别以1.0,0.8,0.6,0.4和0.2对系统发生可能性和后果损失打分。最后，将每项风险因素发生概率与风险发生后果相乘，依据风险评估矩阵，求出该项风险因素的等级，得分越高者对工程系统影响越大。如有必要，将各风险因素的得分逐项相加，求得该工程系统风险因素的总分也叫风险度，总分越高，风险越大。

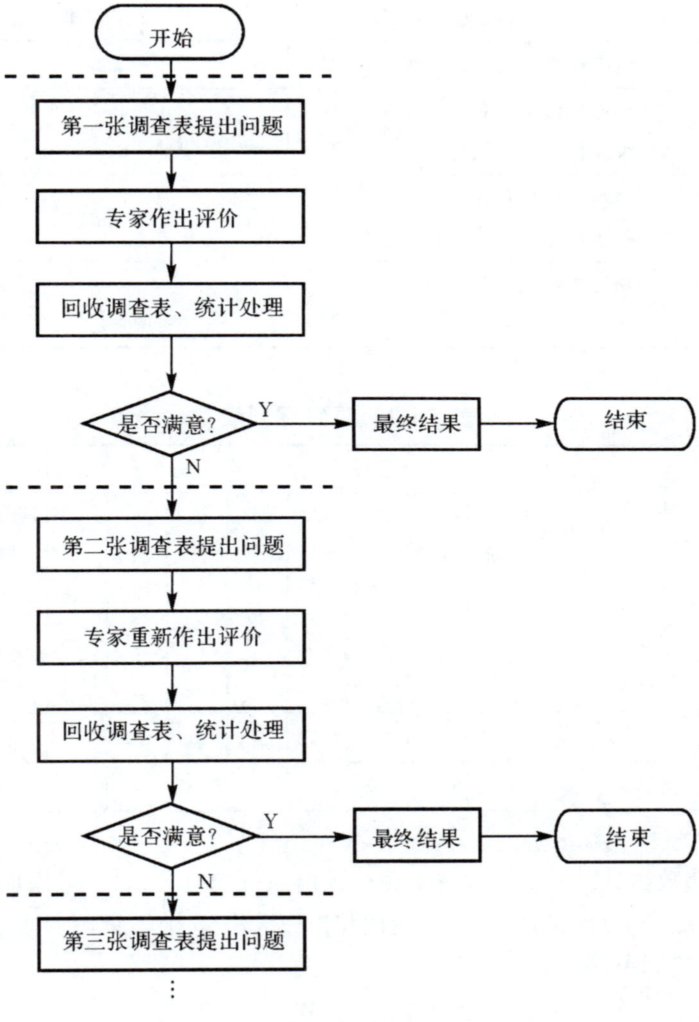

图 5-1　经典专家打分法流程

为进一步规范这种方法，可对专家的评估打分权威性确定一个权重值，该权威性的取值在 0.5～1.0 间，每位专家评定的风险度乘以各自的权威性的权重，所得之积合计后再除以全部专家权威性权重和，就是该系统的最后风险度。

为了获得较为客观的分析数据，需向调研对象发放一定数量的调查问卷，调查对象一般是从事科研领域的科研人员和设计人员。例如，某系统的分析与评估采用专家打分法，专家权重见表 5-1，调查问卷设计见表 5-2。

表 5-1　专家权重确定

专家分级说明	专家权重
航空工程领域元老级专家	1.0
高级职称以上的科研人员 高级职称以上的设计人员	0.9
中级职称的科研人员 中级职称的设计人员	0.8
初级职称的设计人员 初级职称的科研人员	0.7

表 5-2　系统评判表

工效水平 \ 分系统 指标	分系统 1			分系统 2			…	分系统 n		
	部件1	部件2	部件3	部件1	部件2	部件3	…	部件1	部件2	部件3
指标 1							…			
指标 2					…					
…					…					
指标 n					…					

(2)调研数据处理。汇总专家对每个风险系统的打分结果，采用加权平均法对每个风险系统(风险因素)的发生可能性和损失大小(5 个等级，0.2，0.4，0.6，0.8，1.0)计算确定等级，公式如下：

$$P_i = \frac{P_{ij} W_j}{\sum_{j=1}^{n} W_j} \tag{5-6}$$

$$C_i = \frac{C_{ij} W_j}{\sum_{j=1}^{n} W_j} \tag{5-7}$$

式中，P_{ij} 为第 i 个指标风险发生的概率大小；C_{ij} 为第 i 个指标风险发生的损失大小；P_{ij} 为第 j 个专家对第 i 个风险系统的发生概率估计；C_{ij} 为第 j 个专家对第 i 个指标发生风险的损失估计；W_j 为第 j 个专家的权重值。

其中，对于概率 P 与等级 C 的定义与描述分别见表 5－3 和表 5－4。

表 5－3　指标发生风险的概率 *P*

等级	内容
1(≤0.2)	基本上不会发生
2(≤0.4)	很少发生
3(≤0.6)	有时会发生
4(≤0.8)	发生的频率较大
5(≤1.0)	发生频繁或者几乎肯定可以发生

表 5－4　指标发生风险产生的损失大小 *C*

等级	故障	人身伤害
1(≤0.2)	极小	没有
2(≤0.4)	小	没有
3(≤0.6)	中(对运行有影响)	轻微的人身伤害
4(≤0.8)	大(停止使用)	重伤事故
5(≤1.0)	极大(停止使用)	死亡事故

图 5－2 为专家打分法的指标风险分析流程图。

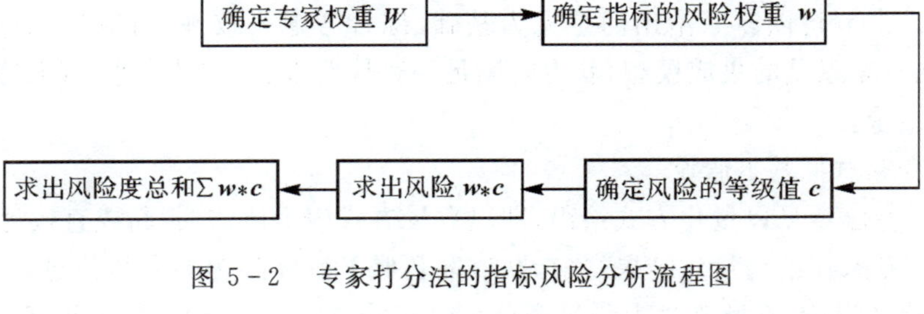

图 5－2　专家打分法的指标风险分析流程图

(3) 实例评估。在人机工效的调查评估过程中，我们已经识别出能影响驾驶舱人机工效水平的各类指标，也列出了各指标可靠性调查表，在分析可靠性的过程中利用专家经验对可能的风险因素的重要性进行评估，得出人机工效水平的综合风险，具体步骤如下：

1）根据表 5－3 要求，确定专家 j 的权重值 W_j；

2）根据公式(5－6)，求得指标 i 发生风险的权重，即概率大小 P_i；

3）根据公式(5－7)，求得指标 i 发生风险的等级值，即损失多少 C_i；

4）将每项风险因素的权数与等级值相乘，求出该项风险因素的得分，即指标 i 的风险度 $P_i * C_i$；

5）将各风险得分相加，求出此风险因素的总分，即该系统的总风险度 $\sum P_i * C_i$，表示一个系统的风险程度，分值越高，风险越大。

5.2.3 改进专家打分法

1. 专家意见集成的必要性

传统专家打分法在实际应用中，隐含了一个必需的前提，即建立在满足一致性条件的专家群体意见的统计结果都是有意义的。航空产品作为我国高科技产品，若缺少对专家群体意见的一致性判断，运用经典专家打分法进行工效水平评估结果的可信性便难以把握，甚至使结果失去意义，将会对航空项目乃至国家造成难以估计的损失。因此，有必要给出专家群体意见的一致性及可信性判断。

专家意见集成的过程，就是在给定的专家群体意见中，寻找满足一致性、协调性和可靠性条件的群体意见的最佳调整方案，以此为依据获得群体意见的集成结果。调整的目标是整体调整量最小，而整体可靠性最大。

专家意见集成结果的获得，是在最优调整方案基础上，进行统计处理，得到加权均值和可靠度指标。该集成结果必须保留所有专家的有用信息，即满足群体意见的一致性和协调性要求，从而达到将专家意见集成的目的。

专家意见集成就是要寻求形成一致性意见的方法，以便找到群体的最优解或满意解。本节将以专家给出的意见为基础，综合考虑一致性、可靠性和协调性因素，建立专家意见的集成模型，获得既满足一致性要求、协调性水平，又具有可信度指标的结论。

2. 专家意见基本假设

(1) 专家意见以量化方式给出，即以数量方式表示评估、判断或直接评分。

(2) 专家在给出量化结果之前，获取并掌握了目标问题的完整信息，经过了充分的交流和讨论，在此基础上经过充分长时间的独立思考，给出的结果代表了专家的本质看法。

(3) 由于客观问题的复杂性、环境的不确定性以及专家能力的限制，参加意见集成的专家承认存在主观判断的偏差，并采用合作态度，允许对其给出的评分意见进行一定程度的调整(微调)。但这种可调，以降低可靠性为代价，调整距离越大，可靠性降低越多。

(4) 可调性专家意见的最大允许调整量，由专家在给出评分值的同时给出，或者由统计人员根据专家在本领域内的权威程度以及以往的评估纪录，进行估测后确定，该指标值代表了专家对其意见的坚持程度。允许调整量越小，表明专家对其给定的评分值越肯定或坚持，反之越不肯定或坚持程度越低。

3. 专家意见基本定义

定义 1：专家集合，$E=\{E_1,E_2,\cdots,E_n\}$，$E_i(i=1,2,\cdots,n)$ 为第 i 个专家。

定义 2：评估集，$A=\{(a_1,r_1),(a_2,r_2),\cdots,(a_n,r_n)\}$，其中，$(a_i,r_i)(i=1,2,\cdots,n)$ 为第 i 个专家给出的原始评分值，a_i 为第 i 个专家给出的评估值(分值)，r_i 为评估值的最大允许调整量(范围)，$r_i \geqslant 0$。

定义 3：最佳评估值集合，$\bar{x}=\{x_1,x_2,\cdots,x_n\}$，它是在专家原始评估值基础上，经过调整后得到的评估值集合，其中，$x_i(i=1,2,\cdots,n)$ 是第 i 个专家的原始意见在给定范围内进行调整后的评估意见值。

定义 4：评估值可靠性函数，$R(x)$ 为定义在 $(-\infty,+\infty)$ 上的连续函数，具有 4 个特性：

1) 有界性，$0 \leqslant R(x) \leqslant 1$；

2) 对称性，$R(x)$ 的图形关于直线 $x=a$ 对称；

3) 分段单调，$R(x)$ 在区间 $(-\infty,a)$ 上递增，在 $(a,+\infty)$ 上递减，在 $x=a$ 处有唯一极大值(最大值)，即 $R(x=a)=1$，且 $\lim\limits_{x\to-\infty} R(x)=\lim\limits_{x\to+\infty} R(x)=0$；

4) 光滑性，$R(x)$ 在 $(-\infty,+\infty)$ 上可微。

定义 5：加权均值，$U(\bar{x})=\sum\limits_{i=1}^{n} p_i \cdot x_i$，$p_i$ 为第 i 个专家的权重。

定义 6：根方差(标准差)，$\sigma(\bar{x})=\sqrt{D(\bar{x})}$，其中 $D(\bar{x})=\sum\limits_{i=1}^{n}(x_i-U(\bar{x}))^2 \cdot p_i$。

定义 7：群体意见的可靠度函数，$\varphi(\bar{x})=\min R(x_i)$，其中，$R(x_i)$ 为第 i 个专家调整意见可靠度。

定义 8：K 阶中心矩，$E\,|x-U(\bar{x})|^k=\sum\limits_{i=1}^{n}(x_i-U(\bar{x}))^k p_i$。

定义 9：峰度，$E_k=\dfrac{u_4(\bar{x})}{\{\sigma(\bar{x})\}^4}-3$，其中 $u_4(\bar{x})=\sum\limits_{i=1}^{n}(x_i-U(\bar{x}))^4 p_i$ 为四阶中心矩。

定义 10：偏度，$S_k=\dfrac{u_3(\bar{x})}{\{\sigma(\bar{x})\}^3}$，其中 $u_3(\bar{x})=\sum\limits_{i=1}^{n}(x_i-U(\bar{x}))^3 p_i$ 为三阶中

心矩。

定义 11：专家群体意见的变异系数，$V=\dfrac{\sigma(\bar{x})}{U(\bar{x})}$。

定义 12：由定义 4 推知，可靠度分布函数可设计为

$$R(\varepsilon)=1-P\{|x-a|<\xi\}=1-\{F(a+\xi)-F(a-\xi)\}=$$
$$1-\left\{\varphi\left(\frac{\xi}{\sigma}\right)-\varphi\left(\frac{-\xi}{\sigma}\right)\right\}=1-\left[\varphi\left(\frac{\xi}{\sigma}\right)-\left(1-\varphi\left(\frac{\xi}{\sigma}\right)\right)\right]=2-2\varphi\left(\frac{\xi}{\sigma}\right) \tag{5-8}$$

如图 5-3 所示，根据可靠性函数的特点，可以用正态分布函数调整区间以外包含的面积 S 来表示专家意见调整后的可靠度。

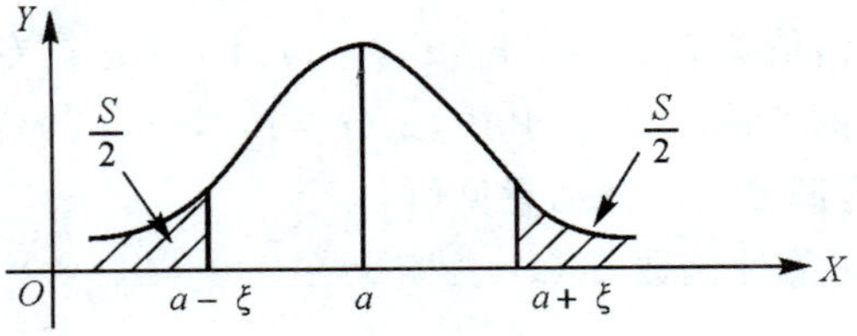

图 5-3　可靠度函数

根据题设条件，对专家意见的调整量不允许超出专家给定的允许调整范围，可以认为此时的变异系数小于 5%，可以以此来确定可靠性函数中的参数 σ。事实上，根据正态分布函数的性质，简化计算，可取 $2\sigma=r$。

以上指标代表了专家意见的集中或分散程度，可以作为建立集成模型的参数。其中，峰度代表了专家意见的一致性，变异系数代表了群体评估值的协调性。而偏度代表了专家意见关于加权均值的对称性，可以用来对集成结果进行进一步的分析和解释。

4. 专家意见集成模型建立

(1) 目标函数。在给定范围内搜索专家的最优调整方案，即总调整量达到最小，目标函数的表达式为

$$\min f(\bar{x})=\sum_{i=1}^{n}|x_i-a_i| \tag{5-9}$$

(2) 约束条件。约束条件包括一致性要求、协调性条件、可信度水平。

1) 一致性要求。峰度是表示群体评估值集中程度的一个指标，这个指标可以反映群体意见的一致性。按照大数定律，在专家群体足够大的情况下，专家群体意见的收敛性可以以标准正态分布为基准，收敛程度好，服从标准正态分布，则认为

群体意见满足一致性要求。标准正态分布的峰度为零，因此，集成意见一致性条件为 $E_k \geqslant 0$。

2）协调性条件。协调性条件是指要求协调性系数小于或等于预先给定的标准，即 $V \leqslant V_0$，其中，V_0 表示设定的变异系数标准。

3）可信度水平。要求集成结果满足预先给定的可靠度标准，即 $R(x_i) \leqslant R(\bar{x}) = \varphi_0$，其中，$\varphi_0$ 表示最初设定的可靠性标准。

（3）专家意见集成模型

$$\min f(\bar{x}) = \sum_{i=1}^{n} |x_i - a_i| \cdot p_i \tag{5-10}$$

$$\text{s. t.} \begin{cases} R(x_i) \leqslant R(\bar{x}) = \varphi_0 \\ E_k \geqslant 0 \\ V = \dfrac{\sigma(\bar{x})}{U(\bar{x})} \leqslant V_0 \end{cases} \tag{5-11}$$

一般认为，当可信度在 85% 以上时，认为非常可信；可信度为 70% ～ 84% 为满意水平；可信度为 55% ～ 69% 为可以接受水平；可信度小于 55%，则说明在一致性和协调性方面存在问题，专家意见的分歧较大，必须先进行聚类分析，然后对不同类别分别集成，集成后进行选择，获得结论。根据本节分析，专家意见集成流程图如图 5-4 所示。

5. 专家意见集成实例分析

（1）专家打分法指标体系建立。从系统论的观点来说，驾驶舱人机工效水平主要取决于驾驶舱总体布置的复杂程度、驾驶舱座椅、显控装置设计的重要程度、驾驶舱作业的微环境和飞行员的技术水平。在将工效可靠性要求逐级往下分配的时候，就要从上述 5 种因素来考虑。因此，这 5 种因素就构成了人机工效水平的评判要素体系。

在驾驶舱人机工效评判指标体系中，各种指标的相对重要程度是不一样的。因此，有必要对不同指标赋予不同的权数。目前方法比较多，本章主要用专家调查法，其具体做法是，设计好的调查表见表 5-5，发给各位专家评判，再对其评判结果分别作出权数判定（其中 P_{ij} 为第 i 个专家对第 j 个指标权数的估值）。

对表 5-5 的结果进行整理，可以得出评判指标的权数。整理的方法有两种：第一种，取平均数法，第 j 个指标的权数为剔除 $\mathrm{Max}(p_{ij})$ 和 $\mathrm{Min}(p_{ij})$ 后其余数的平均数；第二种，中位数法，就是把表 5-5 中的每一列数字由小到大排列，当 n 为奇数时，排在正中间的那个数即为中位数；当 n 为偶数时，中位数为居中位置两个数的算术平均值。上述两种方法得到的权数进行归一化处理，就可得到权数。

表 5-5 确定权数调查表

权数 指标 专家	驾驶舱总体布置的复杂程度	驾驶舱显控装置的可靠性	驾驶舱的视觉工效	驾驶舱微环境（色彩及照明）	飞行员工作负荷
E_1	p_{11}	p_{12}	p_{13}	p_{14}	p_{15}
E_2	p_{21}	p_{22}	p_{23}	p_{24}	p_{25}
…	…	…	…	…	…
E_n	p_{n1}	p_{n2}	p_{n3}	p_{n4}	p_{n5}

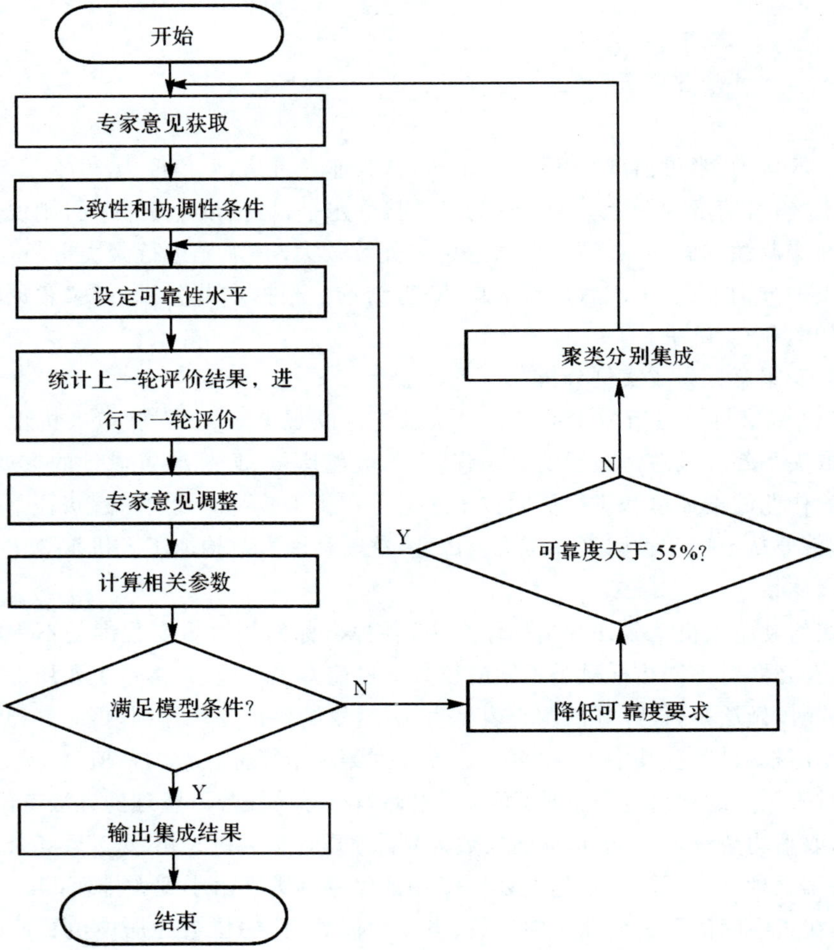

图 5-4 专家意见集成流程图

(2) 专家意见集成模型求解。再通过一个风险识别案例，对专家意见集成模型进行分析。需要分析的问题是，请专家对“某型号项目验证机完成的可能时间进行分析”，由 15 位专家组成的专家组经过对项目信息的分析后，各自给出自己的分析时间，表 5-6 左半部分是专家给出的意见值。按照专家集成模型，设可靠性为 75%；取变异系数的允许值为 5%(一般认为变异系数小于 10% 具有较好的协调性)，专家进行第二轮评分(调整评估) 见表 5-6 右半部分。

表 5-6　专家预测值分析表

专家给出的评分值 /h				第二轮评分 /h		
专家	权重	预测值	r	σ	调整后	可靠度
E_1	1/15	2 008	10	5	2 009.202	81%
E_2	1/15	2 012	10	5	2 013.202	81%
E_3	1/15	2 015	10.5	5.25	2 014.470	91%
E_4	1/15	2 007	9.5	4.75	2 008.412	81%
E_5	1/15	2 014	11	5.5	2 014.470	93%
E_6	1/15	2 016	11.5	5.75	2 019.199	81%
E_7	1/15	2 020	7.5	3.75	2 017.138	81%
E_8	1/15	2 018	8	4	2 017.138	81%
E_9	1/15	2 020	11.5	5.75	2 018.168	81%
E_{10}	1/15	2 017	10	5	2 015.798	81%
E_{11}	1/15	2 010	10.5	5.25	2 011.262	81%
E_{12}	1/15	2 017	9	4.5	2 015.912	81%
E_{13}	1/15	2 015	11.5	5.75	2 014.470	81%
E_{14}	1/15	2 014	12	6	2 014.470	92%
E_{15}	1/15	2 018	11	5.5	2 016.678	90%
		2 014.7			2 014.470	

根据定义 12，专家 E_1 调整值的可靠度

$$R(\varepsilon_1)=2-2\varphi\left(\frac{\xi_1}{\sigma_1}\right)=2-2\varphi\left(\frac{1.202}{5}\right)=2-2\varphi(0.240\ 4) \qquad (5-12)$$

查正态分布表可知，有

$$R(\varepsilon_1)=0.81=81\%$$

同理求得各专家调整意见值的可靠度。

按照专家意见集成模型计算一致性等参数：

根据定义 5，加权均值 $U(\bar{x})=\sum_{i=1}^{15} p_i \cdot x_i = 2\ 014.470$；

根据定义 6，根方差（标准差）$\sigma(\bar{x})=\sqrt{D(\bar{x})}=2.952\ 3$；

根据定义 8，三阶中心矩 $u_3(\bar{x})=\sum_{i=1}^{15}(x_i-U(\bar{x}))^3 p_i=-22.786$；

四阶中心矩 $u_4(\bar{x})=\sum_{i=1}^{15}(x_i-U(\bar{x}))^4 p_i=231.732$；

根据定义 9，峰度（一致性）$E_k=\dfrac{u_4(\bar{x})}{\{\sigma(\bar{x})\}^4}-3=0.05$；

根据专家意见集成模型（公式（5-10）），可信度为 81%；

根据定义 11，变异系数 $V=\dfrac{\sigma(\bar{x})}{U(\bar{x})}=0.15\%$；

根据定义 10，偏度 $S_k=\dfrac{u_3(\bar{x})}{\{\sigma(\bar{x})\}^3}=-0.885$；

结果显示，可能的完成时间为 2 014.47 h，可信度为 $81\% > \varphi_0 = 75\%$，变异系数 $0.15\% < 5\%$；峰度为 $0.05 > 0$。左偏，说明专家意见在集成结果上限的人数居多。用上述内容建立的模型求解，能够综合协调各个专家的意见，并给出可靠性指标，增加可信程度。

通过案例分析可以看出，专家意见集成模型克服了传统专家打分法的不足，节省了风险识别的时间，减少了计算和统计工作量，提高了效率。但当专家人数少于 10 人时，计算结果不够理想，因此，建议在运用此方法时专家组成员最好超过 10 人。

5.2.4 专家打分法的优点

专家打分法适用于存在诸多不确定因素、采用其他方法难以进行定量分析的情况。以专家经验为基础的主观评估法，通常用“分数”“序数”“评语”等作为评估指标的标值，通过不同方案指标值的相互比较或指标值的综合，以评估方案的优劣。

专家打分法既可以用于预测，也可以用于评估，国内外研究经验表明，专家打分法能够充分利用专家的知识、经验和智慧，成为解决非结构化问题的有效手段，对于实现决策科学化具有重要价值。我们在传统专家打分法的基础上，引入了专家集成模型，使得计算结果更准确，这在实例应用中有所体现。

另外，使用专家打分法应当注意：选取的专家应当熟悉该专业状况，有较高权威性和代表性，人数应当适当；对影响指标价值的每项因素的权重及分值均应向专家征询意见；多轮打分后统计方差如果不能趋于合理，应当慎重使用专家打分法结论。

5.3　虚拟人机工效评估法

5.3.1　虚拟人机工效评估法介绍

虚拟人机工效评估法主要是在飞机设计的论证和方案阶段，充分考虑人的因素，在驾驶舱、客舱等的人机工程系统设计中，广泛应用计算机建立人体模型，并将人、机器和环境看作一个有机的整体进行人机工效分析和评估的方法。同时还可利用虚拟的视景系统使飞行员完全处于计算机生成的虚拟驾驶舱环境中，通过数据手套和跟踪器等人机交互设备测试飞行员的操纵和姿态，并将所测数据反馈到虚拟视景中，进行驾驶舱人机工效评估。

虚拟人机工效评估法工效评价的内容非常广泛，主要包括可视性、可达性、舒适性、净空、生理负荷、心理负荷、人机界面（显示器、控制器）、作业空间、人机功能分配等。该方法可以使人体模型按动态的要求进行动态模拟，以检验人、机器与环境的关系，从而进行驾驶舱空间布局的评估和优化。对于不同的评价对象，评价内容和方法不同。

虚拟人机工效评估法一般流程见图 5－5。

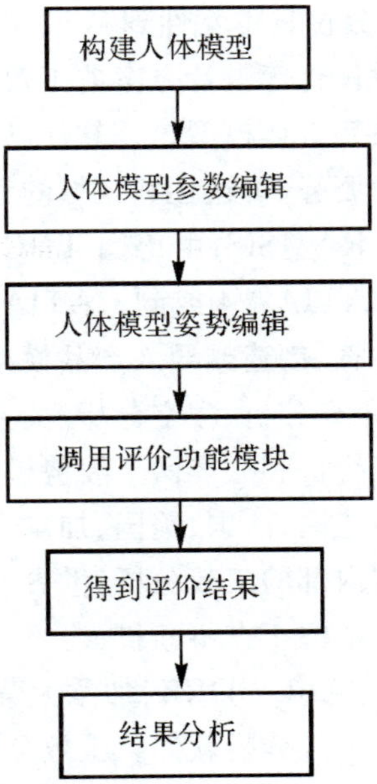

图 5－5　虚拟人机工效评估法一般评估流程

5.3.2　虚拟人机工效软件平台

1. 国外虚拟人机工效软件平台

BOEMAN：美国波音公司 1969 年开发，用于飞机座舱布局评价。BOEMAN 人体模型允许建立任意尺寸的人体，并备有美国空军男、女性人体数据库，其人体模型使用实体造型方法生成。该软件的主要功能是完成手的可达性判断，构造可达性的包络面，视域的计算显示，人机干涉检查等。因未提供人机交互的图形显示手段,难于使用,故未被推广使用。

COMBIMAN:Dayton 大学 1973 年为美国空军开发,用于飞机辅助设计中的视野分析和手部可达性分析。该系统提供陆、海、空军男女性人体测量数据库。该系统的人体模型考虑了人体活动在关节处的约束以及服装对人体关节的限制。该系统只限于概念性设计分析用。

DYNAMAN:欧空局(ESA)于 1991 年开发,用于仿真航天员的活动过程,验证如太空微型实验室的可居性、可达性、工效、可见性、操作时间流水线、出舱活动(EVA)过程等。DYNAMAN 系统不考虑动力学仿真,ESA 建立了微重力和地面重力情况下不同体格的航天员三维图形模型库,还有用于 ESA 仿真的着航天服的数字人体模型。其主要缺陷是,对数字人体动力学仿真较为简单,而且手脚和脊椎的模型过于简单。为此,ESA 正着手改进。例如,将虚拟现实技术融进 DYNAMAN 的用户界面系统。总之,该平台在 Hermes 航天飞机和航天服设计、航天员操作任务以及 EVA 过程仿真等得到了广泛应用。

PLAID:Johnson 航天中心的图像分析室(The Graphic Analysis Factory)开发研制的计算机图像软件包——仪表布局自动交互设计(PLAID),用于探索载人航天器人机接口设计和作业评价。通过建立的航天员人体模型数据库(范围从第 5 百分位日本女性到第 95 百分位美国男性尺寸),进行乘员可达性、视域和工作台工效设计等设计方案的工效评价。此外,也能根据具体的人体测量数据,建立特定的数字人体模型。该软件已用于“自由号”及国际空间站的工效设计,可进行航天员的姿势、可达性和视域的评价。

RAMSIS:由德国 THCMATH 开发,可以单独使用,也可作为一个模块嵌入到 CATIA V4 或到 CATIA V5 中,其工效分析工具包括人体建模、动作仿真、姿势计算、创建或导入产品模型、可达性分析、动画、镜子仿真、安全带分析、舒适性分析、距离分析、净空分析、关节角、最大操作力计算(手、臂系统)等。新版本又新增了飞行员和旅客两个姿势模型。RAMSIS 模型提供了大范围的人体测量数据库,包括德国、法国、美国、加拿大、中国、墨西哥、南美、日本、韩国等。主要用于汽车驾驶室内部的工效分析,世界上 70%以上的汽车产品都在使用它进行工效分析,其应用范围正在不断扩大。

SAFEWORK:加拿大蒙特利尔 Ecole 理工大学开发,可在 Windows 环境下运行的工效分析软件。工效分析工具包括建立人体模型、任务仿真、动画、服装仿真、碰撞检测、视觉分析(仿真了盲点,可调整视野、焦距等属性)、虚拟现实、姿势分析、可达性分析、人的绩效分析、举升/放下/搬运分析、推拉分析等。该模型有 104 个人体测量学参数,100 个关节点,148 个自由度,逼真的手、脊骨、肩模型。

SAFEWORK 可单独运行，也可整合到 CATIA，DELMIA 或 Division/ProE 中使用，拥有多个人体测量数据库，几乎覆盖了全世界的人体测量学数据，因此，应用范围非常广泛。

JACK：最初由宾西法尼亚大学开发，现在属于 EDS 下 e－factory 解决方案中的产品。JACK 人体模型的人体测量数据源自 1988 年美国军方人体测量调查结果（ANSUR 88），其人体模型包含 68 个关节点，69 个节段，135 个自由度，脊柱有 17 段，手有 16 段，还有逼真的肩膀/锁骨关节模型，可方便地驱动，实现任何操纵动作，手可以自动抓取，人眼可以逼真地实现眼珠转动。JACK 软件还包括以下工效评价模块：人体动作捕捉、三维人体扫描、可达性评估、角度舒适性评估和操纵舒适性评估等，具体如下：

（1）评价人体的可达距离。

1）评价目标对象是否满足人体的可达性；

2）测量人体的眼睛和任何物体之间的距离；

3）建立延伸边界，定义人体的可达范围。

（2）角度舒适性评估功能。Jack 舒适性分析模块（Comfort Assessment）由一批解剖学家、心理学家、工效学家和软件工程师在大量的研究和调查基础上开发而成，其评价结果较为符合实际，该模块随 Jack 一起被美国许多公司采用，经历了实践的检验，具有权威性，Jack 舒适性分析模块具有人体各个关节的舒适角度值，通过对比关节舒适角度值与人体模型各关节当前的角度值，来评价人体关节角的舒适性。

（3）操纵舒适性评估功能。Jack 软件可对处于工作状态的人体进行受力状况分析，并计算人体模型各部分的受力情况，与人体受力限值进行比较，获得人体操纵力的舒适性评价。

SPEOS：第一套致力于工业运用导向的光学机构模拟软件，由法国 OPTIS 公司研制而成。其主要包括以下 8 种应用界面：光分析（光强度及照明度）、着色、比色法（真实色度分析）、人类视觉、视觉工程学、液晶显示器的进阶模拟、医疗光学仪器设备模拟和光学武器防御系统模拟。SPEOS 软件自身可建立几何模型，也支持 CATIA，UG 和 Parasolid 软件模型的导入。SPEOS 软件通过定义模型材料和表面性质，然后加入虚拟光源，即可进行光度的模拟，依据输出结果评估设计效果。

CATIA V5：法国达索公司与 IBM 公司开发的新一代 CAD/CAM 产品。不同于老一代 CAD/CAM 产品，它采用了全新的、基于组件的开放式体系结构（Open Architecture Products）。CATIA V5 应用了许多现代软件工程思想，整个体系结构虽然十分庞大，但结构清晰、合理，维护、开发、扩展方便，有着相当优良的扩展性能，它开放的组件应用架构允许更多的第三方供应商针对用户的需要特别定制应用解决方案。CATIA 平台主要有以下虚拟评估功能：

1)人体模型构造。人体模型构造功能除了提供内嵌的美国、加拿大、法国、日本和韩国等5个国家人体测量数据外，用户还可以通过软件提供的接口添加自己定义的人体模型数据，从而生成自定义的人体模型。

2)人体模型参数编辑。人体模型参数编辑提供对已生成的人体模型数据进行编辑功能，用户可以通过自定义数值或百分位数来改变人体模型各节段数据。

3)人体姿势分析。人体姿势分析工具允许用户采用定性与定量相结合的方式分析人体姿态的各项特征，用户可以对模型的全身或局部进行检查和评分，从而评价使用者的舒适度或工作效能。

4)人体工效分析。

a)关键设备可视性评估。通过第一视角及定义的单眼、双眼角度范围，显示当前人体姿势下的可视界面，可直观地判断关键设备的可视性情况。

b)快速上肢分析(RULA)。快速上肢分析是通过分析人体当前各节段关节角度与预定义的数值间的关系，判断各节段的分值，最后计算总分，通过总分判断当前设计是否合理。

c)飞行员操作任务仿真。CATIA 软件通过数字仿真单元(Digital Mockup Unit,DMU)可以进行飞机可动机构的运动模拟、飞行员操作任务的仿真等，在模拟过程中可以对运动路径的合理性、运动过程干涉情况、运动瞬态飞行员姿势进行直观判断。

DELMIA(Digital Enterprise Lean Manufacturing Interactive Application)：和 CATIA 一样，DELMIA 也是达索公司的产品。DELMIA 人机工效评估主要包括以下内容：

1)具有不同国籍和百分比大小的三维静态人体模型，对工作场所可进行可达域和可视域的评估；

2)利用通用检查表单和分析方法评估工作场所，评估方法包括 NOISH，REFA，DIN 和 EN 等；

3)制造和维护过程中可进行人体模型的三维仿真任务；

4)结合人机工程学分析，在人体视线范围，举、接触等范围内，实现人体行为的可视化等。

2. 国内虚拟人机工效软件平台

MMES：20 世纪 80 年代开始由北京航空航天大学袁修干教授和温文彪教授等人开发，一开始是在 SGI 公司的 IRIR－4D25TG 图形工作站上开发，后又移植到微机上，人体自由度简化为 36 个，把人体分为 15 个肢体，定义为 15 个图形物体，该系统能生成参数化的座舱模型、人体模型、可达域模型和视域模型，已知人体完成某一操作的起始和终止状态，可根据运动学和动力学原理求出人体在该操作过程中的中间姿态，在一定时间内显示这些中间姿态及相应的机器状态，可在图形终端上真实地显示人机联动的过程。通过建立战斗机座舱模型、飞行员人体模型可对其设计方案涉及的飞行员视域和操作域进行简单的评估。目前，北航已建立了一套军用驾驶舱人机工效模拟系统，它建立了数字飞行员的模型库，能够完成军用战斗机舱内设计方案的模型评价。在航天领域，数字人体模型的研究仍处于起步阶段。

ZJU - ERGOMAN：浙江大学的孙守迁等人开发的一个面向人机工效仿真分析的原型系统。该软件由人体参数化建模、人机动作操纵、人机仿真动画、人机工效分析评价 4 个主要模块组成，相较于国外人机工效软件 JACK 的相应功能模块均有所改进。骨骼和肌肉几何建模方面：在充分考虑动、静态人体测量学数据基础上，提出了人体几何模型的参数化方法，提高了该模型在人体数据咨询方面的能力；改进了人体关节及关节链的运动约束机制，为工作空间设计提供了有效的支持；提出了针对不同骨架结构进行运动重定向的新概念和实现方法，以及新的处理重定向过程中产生的关节冗余的方法，从而提高了人机工效分析的准确性。针对人机工效软件中只有基于静态姿势的力和扭矩分析的现状，提出了运动状态下的人体外力模型，该模型能够为力和扭矩分析提供有效支持。在肌肉力预测模型中，通过对约束方程的改进，进一步提高了该模型的精度。

SinoMAN：武汉理工大学的刘春荣等结合汽车车身 CAD 环境，在 UGII 环境下开发的反映中国人体尺寸特征的人体建模原型系统，以参数化方法建立了人体模型骨骼体系和体表体系及其几何表达方法，对整个脊柱、锁关节和肩关节等处作了较复杂的建模，并兼顾了人体模型的实时操纵性和外观真实性，以正向和反向运动学运动控制方法控制人体模型的运动，实现了骨骼体系和体表体系的关联运动，在此基础上，提出了一种特定汽车人机工效设计目的的混合运动控制策略与方法，使人体模型运动控制和姿势操纵更加高效和易用，可判断由人体模型实例所代表的使用者群体的可达能力，检验控制件的可达性和布局合理性，在探讨姿势记录方法和姿势舒适性及其影响因素的基础上，研究了人体模型姿势操纵中姿势角的平面化和参数化定义方法，建立了姿势操纵和运动控制之间的关联，提出和实现了姿势和乘坐姿势的舒适性的一种定量评价和比较方法。

OPEHM：哈尔滨工程大学的颜声远等人在 UG 二次开发环境下，建立了一个面向汽车人机工效设计及评价的虚拟人体建模系统。使用 UG 的二次开发工具——UG/Open MenuScript 和 UG/Open UIStyler，创建了用户自定义菜单和人体模型构造和控制对话框等人机交互界面，使开发的 OPEHM 作为一个插件在 UG 环境中使用，操作简单，并且使产品评价环境和开发环境相结合。整个人体模型分为 17 段，16 个关节，30 个自由度，实现了人体模型关节约束性运动，使人体模型具有比较复杂而合理的层次结构，一方面能合理地再现人体特征，另一方面简化了人体运动学模型，建立了人机工效设计和评价常用的人体姿势库，并实现了对人体模型关节运动的控制。依据汽车人机工效学标准，在该人体模型的基础上开发了具有良好人机交互界面的汽车人机工效评价软件，实现汽车人机工效评价的可视化。对某型汽车驾驶环境进行了人机工效评价，评价内容为驾驶舒适性分析、可视域分析和可达域分析。

西北工业大学在虚拟人机工效的设计与评估方面做了一些工作，分别基于 JACK 和 CATIA/DELMIA 软件建立了中国不同机型飞行员的三维人体模型，中国成年人的三维人体模型；对 JACK 软件做了二次开发，在 JACK 软件中建立了飞行员维修任务以及日常任务仿真所需的动素库，能够实现虚拟人机工效的任务仿真与评价；开发了驾驶舱人机工效快速设计与评估软件，部分版本已经用于国内军机和民机的驾驶舱人机工效设计中。

第6章　驾驶舱人机工效设计中的新概念与新技术

在信息高速发展的带动下，未来飞机的驾驶舱自动化水平越来越高，对飞行员的认知和操纵能力要求也越来越高，飞机的操纵以自动化为主，飞行员只起监视和备份作用，在必要时才转控操纵。驾驶舱的面貌也将发生巨大的变化，显示系统将变得更加直观，话音控制等手段也将广泛应用。

6.1　语音交互控制

随着现代科学和计算机技术的发展，人们在与机器的信息交流中，需要一种更加方便、自然的方式，语言是人类最重要的、最有效的、最常用的和最方便的通信形式，这就很容易让人想到能否用自然语言代替传统的人机交流方式如键盘、鼠标等。人机自然语音对话就意味着机器应具有听觉，能"听懂"人类的口头语言，这就是语音识别的功能，语音识别是语音信号处理的重要研究方向之一。控制论创始人维纳在1950年就曾指出：通常，我们把语言仅仅看作人与人之间的通信手段，但是，要使人向机器，机器向人以及机器向机器讲话，那也是能办得到的。

1.语音的高效性

语音是一种高效的交流媒体，包含着丰富的信息，而且语音更接近于人的思维，或者说与人的思维联系更紧密。在使用键盘进行文本输入时，在手指输入以前所想到的词语的同时，用户还会对他的话语和措词进一步琢磨，而在对话中，用户在想法的产生和对其进行阐述的过程中，会有更多的参与。

2.语音的自然性

语音与其他交流手段相比更加自然，并且其认知负荷比较低，不需要一直占据用户的注意力，因此，特别适用于人们在利用其他通道进行工作时进行协同操作，例如在手眼繁忙的工作任务或环境中。

3.空间资源占有少

语音对物理空间的资源占有比较少，受工作空间的限制比较少，可以在空间狭小，照明不佳等不良条件下正常使用，因此，适合于在不能有效利用视觉通道传递信息的场合中采用。

4. 使用的独立性

语音在界面中可以单独使用，也可以结合鼠标、笔等指点式的设备进行交互，完成目前 WIPD(Window，Icon，Pointing，Device)界面中通常的操作任务。

5. 人们对声音信号比较敏感

利用声音进行提示和报警是语音界面常用的领域，在信息随即呈现并要求操作员立即采取行动的任务中也非常适合。

6. 语音是短暂性的

语音信号一旦发出来以后，就不能再得到了。因此用户需要记住这些信息，消耗了用户大量的短时记忆资源，增加了使用者的记忆负担。

7. 语音界面是串行的输出方式

语音对于说话的人来说，效率较高，因为说话的表达方式要比写字或者打字速度快，但是对于听众来说，听别人说话却比自己阅读要慢得多。与图形化的用户界面相比，用户通过语音界面获取信息的速度较慢。

8. 语音界面需要有足够的提示

不同于 WIPD 界面，应用程序可以执行的操作都可以显示出来供用户选择，面对一个语音界面时，如果没有适当的提示，对该系统陌生的用户可能感觉无从下手，而且如果让用户记住所有的语音命令会增加记忆的负担。因此，语音界面可以使用的场合一般是有系统提示引导的问答式交互，而且每一步可供选择的项目不是太多，或者是用户所熟悉的某一个领域的应用。

语音识别技术目前在嵌入式系统中的应用主要为语音命令控制，传统的机器控制一般都必须有一个相应的控制板，人对控制板上的按键或开关进行操作，进而实现对机器的控制。传统控制方式的缺点就是携带不方便，特别是在某些不适合人对控制板进行操作的环境中，这种控制方式的不方便性、不直接性就显得更加突出。而采用语音控制，通过语音信号作为信息载体，则可以很容易地解决这些问题。

随着语音处理技术的发展和语音识别技术的不断提高，相信在不久以后，语音将不再仅仅是人与人之间特有的一种交流方式，而是能够实现人机器(语音识别)、机器-人(语音合成)、人机器-人(机器翻译，如 IBM MASTOR 系统)等多种方式自然地沟通。

6.2　视景增强系统

随着现代飞行技术的发展，以及飞机性能的日益提高，飞行员需要实时获取的信息越来越多，飞行员不仅要不断接收和处理各种仪表信息及地面或空中的通报和指挥信息，还需要对各种危险警告和异常信号做出迅速的反应。特别是当飞机进行进场着陆或者起飞及做战术动作时，飞行员的操作负荷较大。因此，如何有效地将各传感器信息综合地显示出来，不仅可以降低飞行员的工作负荷，还能增强其态势的感知能力。传统的驾驶舱系统包含大量的机械式仪表，飞行员的操作负荷大，态势感知能力弱，而根据对航空事故的调查统计显示，85％的航空事故是因为飞行员失去态势感知能力造成的。因此，通过对驾驶舱系统的良好设计，提高信息的综合显示水平能有效地提高飞行员的态势感知能力，从而减少飞行事故。

视景系统(Vision System)一般指由前视探测传感器信号处理和成像部分所组成的系统，它可以是单传感器成像或多传感器综合成像。视景系统的视景可以是前视探测传感器生成的真实世界的实时再现图像，也可以是调用数据库中的资料虚构生成的虚拟世界的仿真图像。

所谓视景增强系统(Eenhanceed Vision System，EVS)，就是把机载红外传感器和毫米波雷达输出的图像叠加在平显上，在为机组提供机外真实视景的同时，显示一些下显给出的重要数据指示。

视景增强系统是一种先进的机载航电系统，由信息处理与控制组件、前视红外分系统、显示分系统(衍射光栅平显)和系统控制板组成。它利用前视红外分系统获取跑道及周边环境图像，在信息处理与控制组件中与飞机的指引画面进行图像相叠及增强等综合处理，输出到衍射光栅平显上，从而提高外界地形的能见度，使飞行员能在有雾、阴雨等恶劣气象条件下顺利进行起飞或着陆。视景增强系统可以应用于各种大型军用运输机及民用飞机。由于我国幅员辽阔，各地气候差异很大，采用视景增强系统后，可以降低飞机对机场起降导航设备的要求。

视景增强系统有着不依赖地面设备、成本较低、可减少飞机延误和提高飞行安全性等特点。在飞行和着陆过程中可使飞行员能直观地观察所有的着陆过程，而不受恶劣气象条件和夜间的影响，因此，EVS 能改善飞行员的情景感知，使交通清晰可见；EVS 能在地面和离轴工作，从而可避免地面碰撞；EVS 主要采用现成的技术，无须研制新的硬件即可投入工作。

EVS 主要实现以下功能：

(1)利用前视红外成像传感器对可见光灵敏度低的特性，EVS 能够为飞行员提供在低能见度条件下清晰的红外环境红外图像，有效增强飞行员的观察和识别能力，提升飞行员的态势感知能力。

(2) EVS还能够进一步结合综合视景系统(Synthetic Vision System，SVS)功能，通过前视红外传感器图像与合成视景画面的融合，进一步提高系统性能，增强飞行员的态势感知能力，使飞机具备全天候起降能力。

(3)利用HUD将飞行信息字符和环境融合图像叠加显示在飞行员正前方，EVS使飞行员能够同时观察飞行指示信息和座舱外环境视景图像，实现平视飞行操作。避免飞行员在舱内仪表与舱外之间反复切换和聚焦，从而有效节省判读反应时间，便于飞行员从仪表飞行向目视飞行过渡，在极大程度上改善了飞行员的情景意识，增加了手动操纵飞行的安全性。

6.3 综合视景系统

综合视景系统(Synthetic Vision System，SVS)的定义：将传统电子飞行仪表系统(Electronic Flight Instrument System，EFIS)的上蓝下棕背景取而代之，在主飞行显示器(Primary Flight Display，PFD)上显示由数据库合成的三维飞机前方飞行环境，同时在导航显示器(Navigation Display，ND)上显示带阴影地形图的飞机下方地形正投影。这种合成的地形显示不受气象状况的影响，有助于飞行机组判断飞机相对地形的位置。在低能见度条件下，这一优点更为突出。PFD上显示的地形与外部实际环境是一致的，因此，飞行员在集成了合成视景之后的PFD上看到的地形与理想可见度下看到的外部真实地形是一致的。大量的飞行模拟器试验和飞行试验已经证明了，综合视景系统能够使飞行机组直观地获取地形信息。

SVS是一种符合人的信息采集习惯、形象化思考、用图像来与飞行机组互动的栩栩如生的格式和功能，主要特征为三维色彩地形图像背景，叠加传统的PFD仪表式读数，由此形成大面积逼真的地形背景，再组合TAWS地形数据，可以精确地描绘当前地形、障碍物和跑道等信息。合成视景地形显示发展的主要驱动力是为了避免地形冲突，特别是避免可控飞行撞地事故。主要应用于飞机在下降时的进近和着陆阶段。

SVS主要实现以下功能：

(1)通过精确的飞机航向、位置、高度和姿态信息，以机载地形数据库(包括地形、跑道和障碍物数据)为基础，使用合成视景模块和图形生成模块一同形成描述飞机前方的实时地形图像，在显示器上显示出来。SVS可为飞行员提供任何时间、地方(取决于地形数据库，主要是在机场和复杂地形)不影响除地形图像外的其他信息的显示。

(2) SVS 在 PFD 或 HUD 上,帮助飞行员显示保持飞机在预定的飞机航线上的可视空中隧道(HITS)。HITS 就是在显示器上显示一系列三维的飞行引导范围:在计划航线上每隔一定距离就会显示一个范围框(类似隧道),因此形象地称之为"空中隧道"。只要飞行员驾机不超出这个范围,就能使飞机在预定的航向和高度上飞行。

(3) SVS 在 PFD 或 HUD 上显示飞机航迹预测(5 s 或其他时间后的飞机航迹),以帮助飞行员轻松将飞机控制在"空中隧道"内,更便捷地实现保持飞机在预定的飞机航迹上。

(4) SVS 提供与监视系统接口功能以及监控系统信息显示的功能,包括 TAWS,TCAS 和 WXR 等。在地形上实时显示 TAWS,TCAS 等信息,在必要时可显示 WXR 等信息,并为飞行员提供适当的三维告警信息。

(5) SVS 修正 EVS 增强的前向红外的图像。主要实现通过地形数据库的比对,确认和修正红外地形图像。通过 SVS 的地形数据库,将红外地形图像更清晰、更易辨认地显示出来。例如,分别清晰显示天地,使得在地平线以上的天空显示更干净。

在驾驶舱系统中采用增强视景和综合视景技术,不仅可以减少驾驶舱系统中仪表的数量,还能提高信息的综合显示水平,降低飞行的工作负荷,增强飞行员的态势感知能力。

6.4 无纸驾驶舱

飞机驾驶舱是飞行员操纵飞机执行飞行、完成任务的工作环境。由于现代电子科学技术飞速发展,机载电子设备日益增多,导致人机之间信息交流量增大,进而迫使飞行员接收仪表仪器等信息日益增多,使飞行员的工作负荷越来越大。在与外界隔离的驾驶舱内,飞行员获取信息主要依靠观察仪表显示器,然而作为人机接口的仪表和控制器长期以来落后于飞机总体设计的发展,再加上对飞机的发展又不断提出越来越多的新要求,这就给驾驶舱仪表板和操纵台的布局设计带来很大的困难。因此,飞机驾驶舱空间规划是关系到提高飞行员工效、减轻飞行员工作负荷的重要课题。

早期的飞机驾驶舱空间规划是在设计过程完成之后进行的或者一边设计一边试验,如果飞行员觉得不合理或不利于他的飞行,那么就必须重新修正规划方案,从而造成设计返工和设计成本提高。

无纸驾驶舱指的就是今后的手册、航图检查单、记录本等文本均将以数据库形式存在，或者装入机上电子资料库系统，或者装入飞行员助手系统，不再携带纸质文图，且上飞机前就可以作计划和预习。

6.5 新技术的应用

任何新的驾驶舱设计技术都需要进行详细的人机工效调查和设计，因为在实际环境中，飞行员都是通过他们自身的感官与飞机系统相互作用。在新技术的应用上，主要有空客 A380 等。

空客 A380 的驾驶舱比现有的民航客机略大 10%，在主仪表板上有 8 个相同的交互式显示屏，重新进行了结构配置，不同于以前飞机上的 11 个屏幕。飞行员可以用一个光标改变显示屏幕上的性能和导航目标，光标控制通过一个固定在基座上的无线跟踪球进行，通过光标控制，使得 A380 飞机从类似于 MS-DOS 系统向易于操作的 Windows 系统升级，通过光标进行控制和发出指令。显示屏的新特征包括导航屏幕采用了分列式显示特征，除了传统的水平图像显示，还增加了垂直的图像显示，新的特征使飞行员可以看到包括所有的与垂直轨迹相关的数据，如安全高度、地形、气象或垂直飞行计划。A380 上采用了新的机载信息系统(OIS)，为飞行机组提供非航空电子设备的相关信息和应用的查询。查询的内容包括飞行手册、维修监控工具、客舱日志、乘客名单等。此系统采用网络技术，信息可以实时地从地面传输到空中，OIS 还可以为乘客提供网络浏览功能，此外，A380 还安装了一个新的地面机场导航系统和新增强的保安系统，视频监控系统可对整架飞机进行监控。

美国波音公司和 NASA 的阿姆斯研究中心应用“透视飞行引导(PFG)”概念，正在进行主飞行显示器的显示符号研究，目标是不仅为飞行员提供飞机相对于理想航路的状态感知，而且以三维透视的方式给出适宜的过程显示，达到降低飞行员工作负荷，提高安全性的目的。

Chelton 飞行系统公司研制的电子飞行信息系统——综合视景显示系统，利用合成视景符号向飞行员提供信息，系统由主飞行引导显示器和导航显示器组成，主飞行显示器不仅显示飞行航线，还实时显示三维地形及障碍物；导航显示器显示活动地图，飞行航线显示采用了一种更直观的、称为“空中高速路”(HITS)的显示技术。

参 考 文 献

[1] John B Best. 认知心理学. 黄希庭，译. 北京：中国轻工业出版社，2000.

[2] 史忠植. 智能科学. 北京：清华大学出版社，2005.

[3] 朱祖祥. 工程心理学教程. 北京：人民教育出版社，2003

[4] Rasmussen J. Outlines of a hybrid model of the process plant operator. In T. B. Sheridan & G. Johannsen (Eds.), Monitoring behavior and supervisory control. New York: Plenum Press, 371 - 383.

[5] Sheridan T B. Toward a general model of supervisory control. In T. B. Sheridan G. Johansen (Eds.), Monitoring behavior and supervisory control . New York: Plenum Press, 71 - 282.

[6] SheridanT B, Johannsen G . Monitoring behavior and supervisory control. New York: Plenum Press.

[7] Rasmussen J. Skills, rules, and knowledge: Signals, signs, and symbols, and other distinctions in human performance models. IEEE Transactions on Systems, Man, and Cybernetics, SMC—13, 257 - 266.

[8] Parasuraman R, Sheridan T B, Wickens C D. A model for types and levels of human interaction with automation. IEEE Transactions on Systems, Man, and Cybernetics—Part A: Systems and Humans, 30(3), 286 -297.

[9] Bruner J S. Going beyond the information given. In J. S. Bruner, E. Brunswik, L. Festinger, F. Heider, K. F. Muenzinger, C. E. Osgood, & D. Rapaport (Eds.), Contemporary approaches to cognition , 41 - 69. Cambridge, MA: Harvard University Press. Reprinted in Bruner, J. S. Beyond the information given. New York: Norton ,218 - 238.

[10] Byrne M D. Cognitive architecture. In J. A. Jacko & A. Sears (Eds.), The human - computer interaction handbook: Fundamentals, evolving technologies and emerging applications . Mahwah, NJ: Lawrence Erlbaum Associates, 97 - 117.

[11] Gluck K A, Pew R W. Modeling human behavior with integrated cognitive architectures. Mahwah, NJ: Lawrence Erlbaum Associates.

[12] Just M A, Carpenter P N. A capacity theory of comprehension:

Individual differences in working memory. Psychological Review，99:122－149.

[13] Just M A，Carpenter P N，Varma S. Computational modeling of high－level cognition and brain function. Human Brain Mapping，8，128 － 136.

[14] Kieras D， Meyer D E. An overview of the EPIC architecture for cognition and performance with application to human － computer interaction. Human－Computer Interaction，12，391 － 438.

[15] Kieras D E，Meyer D E，Mueller S， Seymour T. Insights into working memory from the perspective of the EPIC architecture for modeling skilled perceptual － motor performance. In P. Shah & A. Miyake（Eds.），Models of working memory：Mechanisms of active maintenance and executive control. Cambridge，England：Cambridge University Press，183－223.

[16] Meyer D E，Kieras D E. A computational theory of executive cognitive processes and multiple － task performance. Part 1. Basic mechanisms Psychological Review，104，2 － 65.

[17] Newell A. Production systems：Models of control structures. In W. G. Chase（Ed.），Visual information processing. New York：Academic Press，463 － 526.

[18] Newell A. Unified theories of cognition. Cambridge，MA：Harvard University Press.

[19] Baddeley A D. Working memory. Oxford，England：Oxford University Press.

[20] Karen Coulter. Implementation of the SOAR Kernel. http://sitemaker.umich.edu/soar. June 17，2005.

[21] John E. The SOAR 8 Tutorial Part1. Laird University of Michigan. June 8，2005.

[22] John E. Laird and Clare BatesCongdon ，The SOAR User's Manual Version 8.

[23] Pew R W，Mavor A S. Modeling human and organizational behavior：Application to military simulations. Washington，DC：National Academy Press.

[24] Anderson J R. Rules of the Mind. Lawrence Erlbaum Associates，

Hillsdale, NJ.
[25] Anderson J R. Retrieval of propositional information from long term memory. Cognitive Psychology, 5, 451 - 474.
[26] Anderson J R. The architecture of cognition. Cambridge, MA: Harvard University Press.
[27] Anderson J R. The adaptive character of thought. Hillsdale, NJ: Lawrence Erlbaum Associates.
[28] Anderson J R, Lebiere C. The atomic components of thought. Mahwah, NJ: Erlbaum.
[29] Anderson J R, Daniel Bothell, Michael D Byrne. An Integrated theory of the mind. Psychological Review Ⅲ ,2004:1036 - 1060.
[30] Dan Bothell, Anderson J. R, ACT－R Proposals,
http://act－r. psy. cmu. edu/actr6/ACT－R6proposal. pdf
http://act－r. psy. cmu. edu/actr6/EnvironmentManual. pdfhttp://
act－r. psy. cmu. edu/actr6/reference－manual. pdf
http://act－r. psy. cmu. edu/actr6/AGI. pdf
[31] 龙升照. 航天员的模糊控制模型及应用展望. 航天控制, 1990(2):53 - 59.
[32] Adams J J. Application of Human Transfer Functions to a Design Problem. Third Annual NASA - University Conference on Manual Control, NASA SP - 144, 1967.
[33] Jex H R, McRuer D T. Study of Fully - Manual and Augmented - Manual Control Systems For the Saturn V Booster Using Analytical Pilot Models [R]. NASA CR - 1079, 1968.
[34] 陈信, 龙升照. 人-机-环境系统的总体分析方法. 自然杂志, 1985, 8(3): 181－187.
[35] 龙升照, 等. 人机系统中人的 Fuzzy 概念的确定. 模糊数学, 1981.
[36] 龙升照, 汪培庄. Fuzzy 控制规则的自调整问题. 模糊数学, 1982(3).
[37] 龙升照, 姜淇远, 等. 人机系统中人的模糊控制模型. 宇航学报, 1982(2).
[38] Long S Z, Chen H. Research on Human Fuzzy Control Model in Man - Machine - Environment Systems. The 33rd International Congress of Aviation and Space Medicine, 1985:138 - 141.
[39] ChristianSchmiedl. An overview and evaluation of modern human interface devices January 27, 2010. http://academic. research. microsoft.

com/Publication/13367837/

[40] Ravin Balakrishnan. “Beating” Fitts’ law: Virtual enhancements for pointing facilitation. International Journal of Human - computer Studies, 2004(61): 857 - 874.

[41] Risto M. Scientific user interface testing: exploring learning effects and Fitts’ law. UNIVERSITY OF TWENTE, 2009.

[42] Jacob O Wobbrock, Brad A. Myers, Htet Aung. The performance of hand posture in front — and back — of — device interaction for mobile computing. International Journal of Human - computer Studies, 2008 (66): 857 - 875.

[43] 黄志奇,陈东义,王厚军. 基于 Fitts’ law 的 Twiddler 点击绩效模型实验. 电子测量与仪器学报,2008, 22(5):33 - 37.

[44] 徐荣龙 刘正捷. 菜单点击绩效模型的建立与验证. 计算机工程, 2010,36 (19):256 - 260.

[45] JohnnyAccot, Shumin Zhai. Beyond Fitts Law: Models for Trajectory— Based HCI Tasks. In Proceedings of ACM CHI’97 Conference on Human Factors in Computing Systems, 1997:295 - 302.

[46] ChristianSchmiedl. An overview and evaluation of modern human interface devices . Proseminararbeit Technische Informatik, 2010: 1 - 13.

[47] Langolf G D. An Investigation of Fitts’ Law Using a Wide Range of Movement Amplitudes. Journal of Motor Behavior, 1976, 8:113 - 128.

[48] Jagacinski R J. Fitts’ Law in Two Dimension with Hand and Head Movements. Journal of Motor Behavior, 1985, 17: 77 - 79.

[49] Balakrishnan R, MacKenzie I S. Performance Differences in the Fingers, Wrist, and Forearm in Computer Input Control. in Proceedings of 1997 ACM Conference on Human Factors in Computing Systems(CHI’97), 1997:303 - 310.

[50] Murata A, Iwase H. Extending Fitts’ Law to a Three — dimensional Pointing Task. Human Movement Science 20, 2001:791 - 805.

[51] Drury C G. Application of Fitts’ Law to Foot — pedal Design. Human Factors, 1975, 17: 368—373.

[52] Jacob R J K. The Use of Eye Movements in Human - Computer Interaction Techniques: What You Look At is What You Get. ACM

Transactions on Information Systems, 1991, 9(3): 152 - 169.

[53] Jacob R J K. Eye Movement - Based Human -- Computer Interaction Techniques: Toward Non - Command Interfaces. In Advances in Human - Computer Interaction, Hartson, H. R. and Hix, D. (Eds.), Ablex Publishing Co., Norwood N. J., 1993:151 - 190.

[54] 杨年峰. 人体运动协调规律及其参数化描述. 北京:清华大学, 2001.

[55] Card S K. Evaluation of Mouse, Rate - controlled Isometric Joystick, Step Keys, and Text Keys for Text Selection on a CRT. Ergonomics, 1978, 21:601 - 613.

[56] Benel R A. Optimal Size and Spacing of Touch Screen Input Areas. Human - Computer Interaction - INTERACT'87(Eds, by Bullinger, H. J.), Amsterdam: Elsevier Science, 1987:581 - 585.

[57] MacKenzie I S, Sellen A, Buxton W. A Comparison of Input Devices in Elemental Pointing and Draging Tasks. Proceedings of ACMCHI'91 Conference on Human Factors in Computing Systems, 1991, 161 - 166.

[58] Johnsgard T. Fitts' Law with a Virtual Reality Glove and a Mouse: Effects of Gain. Proceedings of Graphics Interface '94, Toronto: Canadian Information Processing Society, 1994:8 - 15.

[59] 翟宾, 杨静, 邱红专. 两种空间指点设备的性能评估. 人类工效学, 2010, 16(1): 46 - 49.

[60] Jagacinski R J. Fitts' Law as a Function of System Dynamics and Target Uncertainty. Journal of Motor Behavior, 1978, 10:123 - 131.

[61] Hartzell E J. Helicopter Pilot Response Latency as a Function of Spatial Arrangement of Instruments and Controls. Proceedings of 8th Annual Conference on Manual Control, dayton, ohio, 1982:345 - 364.

[62] Ha T, Woo W. An Empirical Evaluation of Virtual Hand Techniques for 3D Object Manipulation in a Tangible Augmented Reality Environment. IEEE Symposium on 3D User Interfaces 2010, Waltham, Massachusetts, USA, 2010:91 - 98.

[63] Kerr R. Movement Time in an Underwater Environment. Journal of Motor Behavior, 1973, 5:175 - 178.

[64] MacKenzie I S, Isokoski P. Fitt's Law Lives. Proceedings of CHI 2008, Florence, Italy, 2008.

[65] Fitts P M. The Information Capacity of the Human Motor System in Controlling the Amplitude of Movement. Journal of Experimental Psychology, 1954, 47:381 - 391.

[66] Fitts P M, Peterson J R. Information Capacity of Discrete Motor Responses. Journal of Experimental Psychology, 1964, 67:103 - 112.

[67] Shannon C E. The Mathematical Theory of Communication, Urbana, IL: University of Illinois Press, 1949.

[68] Weiford A T. The measurement of sensory - motor performance: Survey and Reappraisal of Twelve Years Progress. Ergonomics, 1960, 3:189 - 230.

[69] MacKenzie I S. A Note on the Information - theoretic Basis for Fitts' Law. Journal of Motor Behavior, 1989, 21:323 - 330.

[70] Crossman E R F W. Feedback Control of Hand - movement andFitts' Law. Quarterly Journal of Experimental Physichology, 1983, 35A:251 - 278.

[71] Connelly E M. A Control Model: An Alternative Interpretation ofFitts' Law. Proceedings 28th Annual Meeting of the Human Factors Society, San Antonio, TX, 1984.

[72] Gan K C. Geometrical Conditions for Ballistics and Visually Controlled Movements. Ergonomics, 1988, 32:829 - 839.

[73] Gan K C. Ballistics Arm Movement: Its Definition, Characteristics and Mathematical Modeling. University of Melbourne, 1985.

[74] David CFoyle, Becky L. Hooey. Human performance modeling in aviation . CRC Press,2008

[75] Hancock M, Booth K. Improving menu placement strategies for pen input. In Proceeding of Graphics interface, Canadian Human Machine Communications Society, Canada, 2004:221 - 230.

[76] Wobbrock J O, Cutrell E, Harada S, et al. An Error Model for Pointing Based on Fitts' Law. Proc. CHI 2008, Florence, Italy, 2008: 1613 - 1622.

[77] Zhou X,Cao X, Ren X. Speed - Accuracy Tradeoff in Trajectory - Based Tasks with Temporal Constraint. Gross, T. et al. (Eds.): INTERACT 2009, Part I, LNCS 5726, 2009:906 - 919.

[78] Foyle D C, Hooey B L, Byrne MD. et al. Human performance models of pilot behavior, Proceedings of the Human Factors and Ergonomics Society 49th Annual Meeting. Santa Monica: HFES, 1109 - 1113.

[79] Dennerlein J T, Martin D B, Hasser C. Force Feedback Improves Performance for Steering and Combined Steering - targeting Tasks. Proc. ACM CHI Conference on Human Factors and Computing Systems: ACM 2000, 2000:423 - 429.

[80] Kulikov S, MacKenzie I S, Stuerzlinger W. Measuring the Effective Parameters of Steering Motions. Proc. CHI 2005: ACM Conference on Human Factors in Computing Systems, Portland, Oregon, 2005.

[81] Sun M, Ren X, Cao X. Effects of Multimodal Error Feedback on Human Performance in Steering Tasks. IPSJ Journal, 2010, 51(12): 2375 -2383.